U0281378

北京2022年冬奥会官方赞助商
Official Sponsor of the Olympic Winter Games Beijing 2022

CYBERSECURITY IN A NEW ERA

奇安信行业安全研究中心

/著/

走进新安全

读懂网络安全威胁、技术与新思想

電子工業出版社

Publishing House of Electronics Industry

北京·BEIJING

内 容 简 介

本书从作者在网络安全产业研究中多年积累的实践经验出发，深入浅出地介绍网络安全领域的基础知识和发展现状。本书主要分为安全基础、安全建设和安全发展三部分，共 9 章，内容包括网络安全简史，网络威胁的形式与影响，网络安全常用的关键技术，现代网络安全观与方法论，网络安全体系的规划、建设与运营，网络安全实战攻防演习，网络安全人才培养，网络安全发展的热点方向，网络安全拓展阅读，以期帮助读者读懂网络安全威胁、技术与新思想。

本书是一本面向企业管理人员和网络安全爱好者的网络安全科普读物，不涉及复杂的网络安全问题与技术细节，主要介绍网络安全相关现象、应用和特点。因此，读者无须具备通信、计算机或网络安全方面的专业知识，也可顺畅地阅读本书的大部分内容。

图书在版编目（CIP）数据

走进新安全：读懂网络安全威胁、技术与新思想 / 奇安信行业安全研究中心著. —北京：电子工业出版社，2021.1

ISBN 978-7-121-40154-1

Ⅰ. ①走…　Ⅱ. ①奇…　Ⅲ. ①计算机网络－网络安全　Ⅳ. ①TP393.08

中国版本图书馆 CIP 数据核字（2020）第 244101 号

责任编辑：戴晨辰　　文字编辑：刘　瑀
印　　刷：涿州市京南印刷厂
装　　订：涿州市京南印刷厂
出版发行：电子工业出版社
　　　　　北京市海淀区万寿路 173 信箱　　　邮编：100036
开　　本：720×1000　1/16　　印张：14.5　　字数：255 千字
版　　次：2021 年 1 月第 1 版
印　　次：2022 年 5 月第 5 次印刷
定　　价：69.00 元

凡所购买电子工业出版社图书有缺损问题，请向购买书店调换。若书店售缺，请与本社发行部联系，联系及邮购电话：（010）88254888，88258888。

质量投诉请发邮件至 zlts@phei.com.cn，盗版侵权举报请发邮件至 dbqq@phei.com.cn。

本书咨询联系方式：dcc@phei.com.cn。

编委会

主　任　　裴智勇

副主任　　马红丽　　胡怀亮　　刘　洋　　刘川琦

编　委

第 1 章　　裴智勇　　胡怀亮
第 2 章　　马红丽　　裴智勇　　刘　洋
第 3 章　　裴智勇　　刘川琦　　马红丽　　王　培　　蒋一心　　熊　瑛
第 4 章　　裴智勇　　张泽洲
第 5 章　　韩永刚　　杨　波　　万京平　　马红丽
第 6 章　　陈洪波　　顾　鑫　　叶　猛　　袁小勇　　薛克伟　　刘新强　　刘捷波
　　　　　　舒小明　　林宝晶　　翟少君　　丁　一　　裴智勇　　马红丽
第 7 章　　冯　涛　　张　锋
第 8 章　　张泽洲　　张丽婷　　刘　浩　　林露萍　　刘　洋　　乔思远　　张少波
　　　　　　赵洪伟　　马红丽　　刘前伟
第 9 章　　裴智勇　　任宇驰
附录 A　　蒋一心　　田子玉
附录 B　　裴智勇　　何　瑞

奇安信行业安全研究中心简介

奇安信行业安全研究中心是奇安信集团专注于行业网络安全研究的机构，为交通、金融、医疗卫生、教育、能源等行业客户及监管机构提供专业的安全分析与研究服务。

奇安信行业安全研究中心以安全大数据、全球威胁情报大数据为基础，结合前沿网络安全技术、国内外政策法规，以及两千余起网络安全应急响应事件的处置经验，全面展开行业级、领域级网络安全研究。

奇安信行业安全研究中心自 2016 年成立以来，已累计发布各类专业研究报告一百余篇，共三百余万字，在勒索病毒、信息泄露、网站安全、APT 攻击、应急响应、人才培养等多个领域的研究成果受到海内外网络安全从业者的高度关注。

同时,奇安信行业安全研究中心还联合各专业团队出版了多部网络安全图书,为网络安全知识的深度传播做出贡献。

序

新一轮科技革命引发全球产业变革，网络安全产业正在翻开新的一页。

网络安全需求进入爆炸式增长期。《中华人民共和国网络安全法》《网络安全审查办法》等的出台，勒索病毒、APT 攻击等威胁的增加，物理世界和网络世界边界的逐步消失，使越来越多的人关注网络安全。未来，不法分子对网络世界的攻击会直接对物理世界造成伤害，因此加大网络安全投入力度迫在眉睫。

网络安全场景进入多元化发展期。5G、大数据、云计算等技术的应用正在加速自动驾驶、健康医疗、工业互联网、智慧城市等新兴技术的落地。相比传统互联网，新应用场景的网络环境更为复杂，每个细分场景都会催生大量个性化安全防护需求，以保障不同业务场景的正常稳定运行。

网络安全技术进入升级换代核心期。以往的网络安全技术针对的是封闭的网络环境，采用的是在边界解决安全问题的思路。这种被动防御思维已经不适应新的安全形势。网络安全技术需要从注重边界的"金鸡独立"转向边界、终端和大数据的"三足鼎立"，终端和大数据的重要性甚至要超过边界。

在这样的趋势下，我们要用全新的视角来审视网络安全问题。奇安信集团从成立时起，就一直致力于成为网络安全产业的弄潮儿。针对不同时期的网络安全特点，判断网络安全最新趋势、研究解决之法，是所有奇安信人不懈的追求。

本书是奇安信行业安全研究中心撰写的网络安全科普读物。本书从网络安全产业的发展历程出发，详细分析了网络威胁的典型形式与影响，阐述了现代网络安全观和方法论及网络安全体系规划、建设与运营的整体方案。同时，本书还基于实战攻防演习、网络安全人才培养等全新视角，探讨了网络安全发展的热点方向。

网络安全领域的知识结构复杂、学术性强，但本书用通俗易懂的语言和生动巧妙的案例，对碎片化的网络安全知识进行了梳理。我们相信，读者无论从事什么行业，阅读完本书都会对网络安全有一个清晰的认知，并能掌握保障网络安全的基础理论和方法，产生新的感悟。

奇安信集团董事长

前言

随着数字经济的发展，我们的生活方式与社会形态也在发生深刻改变。越来越多的信息化系统逐渐成为我们生产和生活的关键要素，网络安全工作的重要性愈发明显。

网络安全非常重要，且与我们每个人息息相关，但网络安全工作本身极具专业性和技术性，"外行人"难以理解，特别是企业和机构的网络安全建设，不仅与信息技术架构有关，而且与业务体系、生产方式及人的管理密切相关，是一个复杂的系统工程。

为了帮助更多的读者进入网络安全的世界，普及网络安全的基础知识，促进全民网络安全意识的提升，助力企业和机构持续加强网络安全建设，我们编写了本书。本书主要分为安全基础、安全建设和安全发展三部分，共9章，内容包括网络安全简史，网络威胁的形式与影响，网络安全常用的关键技术，现代网络安全观与方法论，网络安全体系的规划、建设与运营，网络安全实战攻防演习，网络安全人才培养，网络安全发展的热点方向，网络安全拓展阅读。

本书以奇安信集团网络安全产业研究的多年实践经验为基础，由一线网络安全专家共同创作完成。本书之所以强调"新安全"，主要是因为我们在介绍基础网络安全科普知识的同时，更多地聚焦了网络安全的新威胁、安全建设的新思想及政策法规的新实践，用发展的眼光看待新形势下的新问题，其中很多新威胁、新思想和新实践都是第一次以图书的形式提出的。本书是一本面向企业管理人员和网络安全爱好者的网络安全科普读物，不涉及复杂的网络安全问题与技术细节，主要介绍网络安全相关现象、应用和特点。因此，读者无须具备通信、计算机或网络安全方面的专业知识，也可顺畅地阅读本书的大部分内容。

由于编写时间有限，书中难免存在不足之处，殷切希望广大读者对本书提出宝贵意见和建议，这将有利于我们今后不断更新、完善本书内容。

奇安信行业安全研究中心

目录

第1部分　安全基础

第 2 部分　安全建设

第1部分 **Part 1/** 安全基础

第 1 章

网络安全简史

近年来，网络安全的概念逐渐受到广泛关注，但其历史却可以一直追溯到计算机诞生之初。了解网络安全的发展历程，对我们理解网络威胁的普遍存在和现代网络安全建设思想都会有很大的帮助。本章将分别从威胁简史、思想简史、技术简史和政策简史四个不同的角度介绍网络安全的发展简史。

1.1 威胁简史

与经济社会的发展类似，网络威胁的发展也经历了从简单到复杂，从无组织到有组织的过程。总体来看，我们大致可以把网络威胁的发展分为萌芽时代、黑客时代、黑产时代和高级威胁时代。不过，这些时代的变迁总体上是一个演进的过程，很难严格、精确地进行年代区分。

1.1.1 萌芽时代

萌芽时代也就是网络威胁的幼年时代。这个时代可以从计算机的诞生之日算起，到 20 世纪末、21 世纪初才结束。这个时代的计算机系统相对简单，互联网的普及程度也十分有限，能够开发木马病毒的人少之又少。所以，这个时代的木马病毒数量很少，代码结构也比较简单，破坏力和威胁性都很有限。

在这个时代，最具代表性的网络威胁事件莫过于磁芯大战、大脑病毒和莫里斯蠕虫的传播。

1. 计算机病毒的理论原型

1946 年 2 月 14 日，世界上第一台通用计算机在美国宾夕法尼亚大学诞生。这台名为"埃尼阿克"（ENIAC）的计算机占地面积约 170 平方米，总重量约 30 吨。

就在其诞生后仅 3 年，也就是 1949 年，冯·诺依曼就在其论文《复杂自动装置的理论及组织的进行》中，首次提出了一种会自我繁殖的程序存在的可能。而冯·诺依曼的这一观点，被后人视为计算机病毒最早的理论原型。当然，以今天的眼光来看，计算机病毒未必都有传染性或自我繁殖的特性，但早期的计算机病毒确实如此。

从理论到实践，计算机病毒的发展又经历了漫长的过程。1966 年，在美国贝尔实验室里，工程师威廉·莫里斯（罗伯特·莫里斯的父亲）和两位同事在业余时间共同开发了一个游戏：游戏双方各编写一段计算机代码，输入同一台计算机中，并让这两段代码在计算机中"互相追杀"。由于当时计算机采用磁芯作为内存储器，所以这个游戏又被称为磁芯大战。

磁芯大战的技术原理与后来的计算机病毒非常接近，其产生的代码也可以说是在实验室里培养出来的"原始毒株"。不过，由于当时计算机还是个稀罕物，基本上只存在于实验室中，磁芯大战的相关代码并没有流入民间。因此，人们一般不会把磁芯大战的相关代码作为第一个病毒来看待，而是普遍将其视为计算机病毒的实验室原型。

2. 早期的计算机病毒

计算机病毒从实验室原型走进现实生活，又经过了 20 年左右的时间。1986 年，第一个流行计算机病毒"大脑病毒"诞生。时隔两年，1988 年，第一个通过互联网传播的病毒——莫里斯蠕虫诞生。

（1）大脑病毒——公认的第一个流行计算机病毒

大脑病毒由一对巴基斯坦兄弟编写。因为其公司出售的软件时常被任意非法复制，使得购买正版软件的人越来越少。所以，兄弟二人便编写了大脑病毒来追踪和攻击非法使用其公司软件的人。该病毒运行在 DOS 系统下，通过"软盘"传播，会在人们盗用软件时将盗用者硬盘的剩余空间"吃掉"。所以说，人类历史上的第一个计算机病毒实际上是为了"正义"而编写的"错误"程序。

（2）莫里斯蠕虫——第一个通过互联网传播的病毒

莫里斯蠕虫由康奈尔大学的罗伯特·莫里斯制作。1988 年，某大国国防部的军用计算机网络遭受莫里斯蠕虫攻击，致使网络中 6000 多台计算机感染病毒，直接经济损失高达 9600 万美元。后来出现的各类蠕虫都是模仿莫里斯蠕虫编写的。罗伯特·莫里斯编写该蠕虫的初衷其实是向人们证明网络漏洞的存在，但病毒扩散的影响很快就超出了他的想象。为此，他被判有期徒刑 3 年、1 万美元罚金和 400 小时社区服务。

3. 计算机病毒大流行

20 世纪 90 年代中后期，Windows 操作系统开始在全球普及。计算机病毒的攻击目标也开始从早期操作系统（如 DOS）逐渐进化为 Windows 系统，并开始通过软盘、光盘、互联网和移动存储设备等方式进行传播。世界范围内的"病毒灾难"几乎每隔一两年就会爆发一次。CIH、梅利莎、爱虫、红色代码等知名病毒都在这一时期先后涌现。

4. 萌芽时代的主要特点

整个萌芽时代的网络威胁，主要有以下几个特点。

（1）带有感染性、破坏性的传统计算机病毒是主要威胁

总体来看，萌芽时代的网络威胁形式还比较单一，绝大多数都是带有感染性和破坏性的传统计算机病毒。这些病毒感染计算机后，大多会有明显的感染迹象，也就是说，病毒通常会主动自我显形；同时，不论传染方式如何，这些病毒大多自动发起攻击。这与后来流行的自我隐形、定点攻击的主流木马程序有很大的区别。

此外，萌芽时代还没有智能手机，病毒攻击的目标主要是计算机。

（2）计算机病毒数量不多，攻击目标不定

萌芽时代绝大多数的流行病毒都是由制作者手动编写的，因此产量较低，平均每年流行的新病毒数量为几百到几千个。

此外，以今天的眼光来看，当时的绝大多数病毒制作者都是"不可理喻"的。因为这些病毒除了搞破坏，就是搞各种恶作剧，病毒的"发作"通常都不会给病毒制作者带来任何好处。制作这些病毒的目的，有的是验证问题（如莫里斯蠕虫），有的是炫耀技术，还有一些是伸张"正义"，如防止盗版（如打包病毒）或警示人们应该给计算机打补丁等。

（3）计算机病毒的传播大多利用已知的安全漏洞

在萌芽时代，漏洞的概念已经广为人知。但由于给计算机打补丁的人少之又少，所以，绝大多数的计算机病毒的传播都没有必要利用 0day 漏洞（软件和系统服务商尚未推出补丁的安全漏洞），而是直接利用已知漏洞，甚至是已经修复数月的漏洞。

漏洞的问题，在萌芽时代一直没有得到很好的解决。这主要是由于当时的普通用户给计算机打补丁非常困难。直到 2006 年免费安全软件开始在国内普及，以

及 2007 年由免费安全软件提供的第三方打补丁工具开始流行,传统病毒的大规模流行才被逐渐终结。如今,所有常见的民用操作系统,如 Windows、Mac OS、Android、iOS 等,都已经为用户提供了主动的补丁推送机制,打补丁已经成了一种"简单的习惯",病毒在民用领域大规模爆发的事件较为罕见。

1.1.2 黑客时代

1. 新型威胁层出不穷

黑客时代持续的时间不算太长,大致范围是在 21 世纪的最初 10 年。在这个时代,社交网络、游戏和电子商务等互联网应用空前繁荣,使得网络攻击变成了一件"有利可图"的事。

在利益的驱动之下,木马程序、挂马网页、钓鱼网站、流氓软件等新型攻击手法不断涌现,网络诈骗的雏形出现,网络攻击互动日益活跃,并开始呈现爆发式增长。此外,针对企业和机构的 DDoS 攻击、网页篡改和渗透等活动也日渐活跃。

2. 超级病毒继续肆虐

在黑客时代,个人计算机中的安全软件普及率和打补丁率仍然很低,因此,各类超级病毒仍在继续流行,比较有名的包括冲击波、MyDoom、Shockwave(震荡波)、熊猫烧香等。其中,冲击波和熊猫烧香最具影响力。

(1)冲击波病毒(2003 年)——历史上影响力最大的病毒

2003 年 8 月,冲击波病毒席卷全球。该病毒利用微软网络接口 RPC 漏洞进行传播,传播速度极快,1 周内感染了全球约 80%的计算机,成为历史上影响力最大的病毒。

计算机感染冲击波病毒之后的现象也非常独特,计算机在开机后会显示一个关机倒计时提示框,如图 1-1 所示,该框无法关闭,计时到 0 以后,计算机就会自动关闭。再次开机又会重复这一过程,使计算机无法使用。

(2)熊猫烧香(2007 年)——国内知名度最高的病毒

熊猫烧香是知名度最高的"国产"病毒。该病毒从 2007 年 1 月开始肆虐网络,感染的计算机数量达几百万台。该病毒的主要特点是,将计算机上所有的可执行程序的图标改成熊猫举着三根香样子的图片,如图 1-2 所示,并导致计算机系统甚至整个局域网瘫痪。

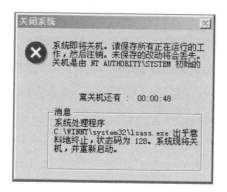

图 1-1　感染冲击波病毒

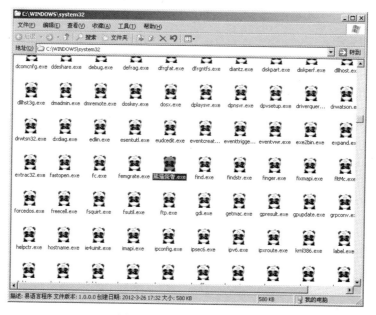

图 1-2　感染熊猫烧香病毒

3. 黑客时代的主要特点

相比于萌芽时代，黑客时代的攻击技术和攻击方式都有了很大的进步，为日后的黑产时代奠定了基础。总体来看，黑客时代的网络威胁主要有以下几个特点。

（1）安全失衡

这个时代，互联网的普及速度、网络攻击技术的发展速度都大大超出了网络安全技术与服务的发展速度，使得应用与安全之间失去平衡，绝大多数的个人计算机都处于极低的防护水平。

（2）单兵作战

由于在这个时代入侵个人计算机非常容易，因此即便单兵作战，攻击者通常也会获得很高的收益且风险很低。也正因为如此，黑客时代的绝大多数攻击者都会单独行动，而绝大多数被攻击的人也都是普通网民。

（3）利益驱动

尽管大规模的破坏性攻击仍然时有发生，但恶意程序从传统病毒向现代木马的进化过程非常显著。熊猫烧香之后，纯粹搞破坏的病毒几乎绝迹，而木马程序则"遍地开花"。诸如挂马网页、钓鱼网站、流氓软件等新型威胁，实际上都是利益驱动下阴暗活动的产物。

1.1.3 黑产时代

1. 网络威胁持续升级

进入 21 世纪第 2 个 10 年，随着免费安全软件的普及，普通个人计算机面临的直接网络威胁越来越小，动辄数百万台计算机被感染的事件几乎绝迹。但是，与传统网络威胁逐渐消失相伴的是网络黑产的日益成熟。信息泄露、网络诈骗、勒索病毒、挖矿木马、DDoS 攻击、网页篡改等多种形式的网络威胁开始迅速地大范围流行。

下面简要介绍信息泄露、网络诈骗、勒索病毒和挖矿木马。

在国内，信息泄露问题最早被关注是在 2011 年，起因是国内某知名的开发者社区发生大规模信息泄露事件。此后，信息泄露问题在全球范围内持续高发。2019年，仅被全球媒体公开报道的重大信息泄露事件就达近 300 起，信息泄露总规模达 10 亿亿条。补天漏洞响应平台数据显示，2017 年以来，国内网站因安全漏洞造成的信息泄露规模每年高达 50 亿～80 亿条。

信息泄露的直接后果之一就是网络诈骗的盛行。表面上看，信息泄露的责任主体是企业，但受影响最深的是普通网民。2016 年，山东临沂女学生徐某因被网络诈骗而死亡，引发了人们对信息泄露与网络诈骗的高度关注。网络购物退款诈骗、机票退改签诈骗、冒充公检法诈骗等多种精准、高危的诈骗形式，让普通网民防不胜防。

勒索病毒最早兴起于 2015 年前后，并因 2017 年全球爆发的 WannaCry 病毒（中文名：永恒之蓝）而广为人知。早期的勒索病毒主要针对企业高管等高价值人群，2017年以后则转为攻击企业和机构服务器或工业控制系统。

挖矿木马几乎与勒索病毒同时出现，但直到2019年才开始大范围流行。挖矿木马早期的攻击目标主要是智能手机和物联网设备，后期则开始大规模攻击企业和机构服务器。

2. 黑色产业链日趋成熟

黑产时代，网络犯罪组织与黑色产业链日趋成熟。以网络诈骗为例，即便是小型网络诈骗团伙，一般也由5～10人组成，并且团伙成员一般只完成最终的诈骗环节，至于个人信息窃取、犯罪工具准备（银行卡、电话卡、身份证等）、木马病毒制作、钓鱼网站制作、销赃分赃等环节，则由产业链上的其他人员完成。而产业链上不同环节的人员，甚至可能互不相识，他们通过社交软件或黑产平台进行交流。

图1-3给出了一个典型的网络诈骗产业链模型，其中包括至少23个不同的具体分工。

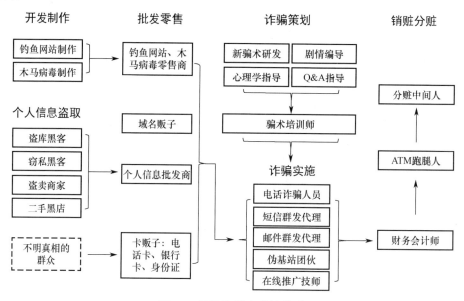

图1-3 网络诈骗产业链模型

除网络诈骗，勒索病毒、挖矿木马、DDoS攻击、网页篡改等各类网络危胁，如今也基本上都是由专业的犯罪团伙在上下游产业链的支撑下实现的，单兵作战的情况已经非常少见。还有部分犯罪团伙会以注册企业的形式明目张胆地组织大规模网络犯罪活动。在日渐成熟的黑色产业链的专业攻击之下，普通群众或一般的企业和机构已经很难独善其身，很难再依靠自己的力量保护好自己。

3. 黑产时代的主要特点

（1）黑色产业链已形成，攻击手法更专业

攻击组织化、手段专业化、产业链条化是黑产时代网络威胁的主要特点。据估算，在全国范围内，网络黑产从业人数可能多达上百万。

（2）智能手机与物联网设备成攻击目标

在萌芽时代和黑客时代，个人计算机都是网络攻击的主要目标。但进入黑产时代以后，智能手机很快成了各类网络威胁，特别是网络诈骗主要的攻击目标。

同时，物联网设备防护能力低，漏洞修复不及时等问题，也使得其频频沦陷。2016 年 10 月发生的某国断网事件，就是由一个控制了近 90 万个物联网设备，名为 Mirai 的僵尸网络发起的 DDoS 攻击造成的。

（3）企业和机构成主要攻击目标

相比于个人计算机或智能手机的安全防护，企业和机构复杂的办公系统与业务系统的安全防护要困难得多，并且很难找到"一招鲜"的解决方案。在个人网络安全服务几近饱和的情况下，更具专业能力的犯罪团伙自然就把"漏洞百出"但价值更高的企业和机构当成了主要的攻击目标。这就导致了近年来由网络威胁引发的安全生产事故层出不穷。

1.1.4 高级威胁时代

2010 年在伊朗爆发的震网病毒（Stuxnet）开启了一个新的时代篇章，具有强大资金和技术能力背景的攻击组织开始逐渐被人们认识。2013 年的棱镜门事件、2015 年底到 2016 年初的希拉里"邮件门"、乌克兰大停电事件，以及 2017 年爆发的 WannaCry 事件等，其背后都有强大的攻击组织的身影。这些组织往往技术高超且十分隐蔽，一般很难被发现。网络安全工作者一般称这种网络威胁为高级威胁，如果这种高级威胁是持续不断的，那么就称其为高级持续性威胁（Advanced Persistent Threat，APT）。高级威胁时代与黑产时代都是从 2010 年开始的，同属一个时期，但是它们背后的技术手段不同。

1. 著名的高级威胁事件

（1）震网病毒

震网病毒是世界上第一个军用级网络攻击武器、第一个针对工业控制系统的木马病毒和第一个能够对现实世界产生破坏性影响的木马病毒。

震网病毒，英文名称是 Stuxnet，最早于 2010 年 6 月被发现。在其被发现前近 1 年的时间里，该病毒至少感染了全球 45000 个工业控制系统，其中近 60%出现在伊朗。由于该病毒的针对性很强，因此绝大多数被感染的系统并没有发生任何异常现象。

（2）乌克兰大停电

2015 年 12 月 23 日，也就是 2015 年的圣诞节前夕，乌克兰一家电力公司的办公计算机和工业控制系统遭到网络攻击，导致伊万诺·弗兰科夫斯克地区将近一半的家庭经历了数小时的停电。

攻击乌克兰电力系统最主要的恶意程序名为 BlackEnergy。黑客能够利用该程序远程访问并操控电力控制系统，此外，在乌克兰境内的多家配电公司设备中还检测出了恶意程序 KillDisk，其主要作用是破坏系统数据，以延缓系统的恢复过程。

（3）WannaCry

2017 年 4 月，黑客组织"影子经纪人"在互联网上公布了包括"永恒之蓝"在内的一大批据称是"方程式组织"（Equation Group）漏洞利用工具的源代码。仅一个月后，即 2017 年的 5 月 12 日，一个利用了"永恒之蓝"工具的勒索病毒 WannaCry 开始在全球范围内大规模爆发，短短几个小时内，就有中国、英国、美国、德国、日本、土耳其、西班牙、意大利、葡萄牙、俄罗斯和乌克兰等国家被报道遭到了 WannaCry 的攻击，大量机构的设备陷入瘫痪。据媒体报道，受此次病毒影响的国家超过 100 个。这是自冲击波病毒之后，全球范围内最大规模的一场网络病毒灾难。

2. 高级威胁组织

所谓高级，其实就是指攻击手法高超。能够发起高级威胁攻击的攻击组织中最有名的是方程式组织。这个组织被普遍视为来自北美地区的攻击组织，是目前已知的技术水平最高、代码武器库最丰富的 APT 组织。震网病毒事件就是由该组织发起的，而具有全球性破坏力的 WannnaCry，也是利用了该组织的代码武器库中的漏洞利用工具"永恒之蓝"编写而成的。

除了方程式组织，国际上比较有名的 APT 组织还有 2013 年通过攻击补丁服务器致使韩国 2 家银行、3 家电视台计算机系统瘫痪的 Lazarus 和 2015 年希拉里"邮件门"事件中制造邮箱攻击事件的 APT28 等。

2015 年，APT 组织"海莲花"被国内安全机构披露。此后，国内各大安全机构也纷纷对 APT 组织展开深入的研究。截至 2020 年初，世界各国安全机构已累计披露各类 APT 组织 150 多个。其中，奇安信威胁情报中心已独立截获各类 APT 组织 40 个，已经公开披露并命名 APT 组织 14 个，包括美人鱼、人面狮、双尾蝎、黄金鼠、肚脑虫、盲眼鹰、拍拍熊、诺崇狮、海莲花、摩诃草、蔓灵花、蓝宝菇、毒云藤和黄金眼。

其中，黄金眼组织是一个以合法软件开发企业为伪装、以不当赢利为目的的长期从事敏感金融交易信息窃取活动的境内 APT 组织。尽管该组织并没有任何国家背景，但其攻击技术与攻击能力均已达到 APT 水准，所以，我们也将其归为 APT 组织。

3. 高级威胁的历史影响

高级威胁的出现，使得绝大多数的传统安全方法失效。甚至从理论上讲，高级威胁是无法完全有效防御的。这就要求我们必须转变安全思想，从单纯的重视事前防御转向重视快速检测与快速响应。目前，以大数据、流量分析、威胁情报等技术为代表的新一代网络安全技术开始受到重视，并在应对高级威胁过程中得以快速发展。而一家安全机构对 APT 组织及其行动的研究和发现能力，也在一定程度上代表了这家机构的综合能力。

1.2 思想简史

网络安全思想的持续进化是攻防形势不断演进的必然结果。当原有的安全方法不能解决新形势下的安全问题时，就会有新的安全方法和安全思想产生。当安全形势发生根本性转变时，安全思想也会随之发生重大的变革。

网络安全思想的具体流派有很多，从不同的角度出发也会有不同的结论。本节对网络安全思想发展历程进行总结，主要介绍一些宏观的、总体的进程，以及已经基本形成业界共识的重要安全思想的来龙去脉。

1.2.1 网络安全认知范围的延展

网络安全一词，也为"网络空间安全"的简略说法。不过，这个词真正被业界广泛接受，其实也是最近几年的事情。此前很长的一段时间里，信息安全和互联网安全的概念更加流行。

1. 信息安全

信息安全是一个从 20 世纪 80 年代开始就被广泛认知的概念，主要强调信息传递过程中的可靠性、可用性、完整性、不可抵赖性、保密性、可控性、真实性等问题。

在信息安全概念的流行时期，网络威胁仍然处于萌芽时代，恶意程序不是很多，攻击手法也相对简单，因此，我们今天所关注的很多网络安全基本问题，在那一时期并没有得到太多的关注。而那时人们所说的信息安全技术，则更像信息技术和通信技术背后的一种基础保障技术，很少涉及应用层面和社会层面的安全问题。

2. 互联网安全

21 世纪初，互联网应用开始大范围普及，互联网安全的概念开始得到广泛关注。随着黑客时代和黑产时代的到来，不论是对互联网基础设施，还是对普通网民的攻击，都呈现出手法多样、防不胜防的状态。特别是在针对普通网民的攻击中夹杂了越来越多的社会工程学手法，这已远远超出了传统信息安全概念的范畴，也不是单纯利用技术手段能够全面解决的。

3. 网络安全

2014 年以后，中国信息化的发展重心逐渐从普通网民转向企业和机构，从消费互联网向产业互联网升级。互联网安全的概念也进一步扩展至网络安全，或者说"互联网+时代"的网络安全。

相比于互联网安全，网络安全的覆盖范围更加广泛。数据安全、内网安全、专网安全、工业网络安全、供应链安全、关键信息基础设施保护、国家的网络空间主权利益等问题，都属于网络安全问题。

总体来看，人们对网络安全问题的认知范围可以用三个转变来简单概括，即

- 从 I 到 C：Information（信息）—Internet（互联网）—Cyber Space（网络空间）。

- 从 C 到 B：Customer（个人、消费者）—Business（组织、商业）。
- 从 S 到 C：Surface（外部）—Core（内部）。

1.2.2 网络安全建设思想的进步

这里所说的网络安全建设，是指针对一个复杂的信息系统建设网络安全能力体系的过程。对于究竟该如何进行网络安全建设的问题，人们的认知过程也经历了三个主要的阶段。

1. 围墙式安全思想

早期的网络安全建设思想大多都是围墙式的。简单来说就是用一套软件或硬件系统把要保护的区域和外界的网络环境隔离开，就好像在信息系统的外面建造了一面高高的围墙。早期的安全软件、防火墙、入侵检测等设备大多都是这种围墙式安全思想的产物。

围墙式安全思想也曾经发挥过非常积极的作用，但在近年来的实践中，其暴露出三个明显的弊端：一是围墙之内不设防，一旦边界被突破，系统就会完全沦陷；二是样本库、规则库等往往无人维护，更新缓慢，所谓的围墙形同虚设；三是不同的防护设备相互孤立、各自为政，无法形成合力。这也是很多企业和机构虽然买了大量软硬件防护设备，但还会频频"中招"的原因所在。

2. 数据驱动安全思想

2015 年以后，数据驱动安全思想开始广泛流行。人们开始更多地考虑在内部业务系统的 IT 环境中部署安全措施，并将各种安全措施与云端相连（即安全上云），将外部（来自安全机构）安全大数据与内部安全大数据结合起来，提升整体安全防护能力。

数据驱动安全思想不追求 100%的有效防御，而把网络安全建设的重心转移到安全监测与威胁发现上。该思想认为数据是网络安全的基础，行为是风险监测的关键，所有基础的安全产品都应兼具安全监测和数据采集能力。

不过，数据驱动安全思想的早期实践还有一些明显的不足，主要表现为网络安全与业务安全相互分离；脱离业务实际，威胁情报数据的作用大打折扣；安全公司无法仅仅通过云端数据构筑起业务级的威胁情报和安全分析能力。

客观地说，数据驱动安全思想的实践为内生安全思想的提出奠定了重要的基础。同时，数据驱动安全思想本身也是内生安全思想的重要组成部分。只不过在后来的内生安全思想体系中,数据驱动安全的"数据"范畴被大大扩展,从单纯的安全大数据,扩展到了业务大数据,最终实现了外部安全大数据、内部安全大数据与业务大数据的深度融合与统一。

3. 内生安全思想

内生安全思想最早是在"2019 北京网络安全大会"上被提出的,现已得到业界的广泛认同。所谓内生安全,简单来说,就是通过提升信息系统内在的免疫力,实现业务安全。有了内在的免疫力,即便系统的边界防御被打穿,也能够在一定程度上保持健康运行。

内生安全要求企业和机构在信息系统的设计规划阶段就要充分考虑网络安全问题,并将安全能力植入业务系统的每个必要环节中,之后再通过信息系统与安全系统的同步建设和同步运营,取得自适应、自主和自成长的安全能力。

如果说网络空间的攻防对抗是没有止境的,那么网络安全建设思想的发展也是没有止境的。而每一次安全思想的改变,都会推进安全技术和安全产业的发展。

1.3 技术简史

自 20 世纪 80 年代末,网络安全技术的发展先后经历了三个主要的时代,从最初的特征码查黑技术逐步进化到如今的"大数据+威胁情报"技术。网络安全技术的进化是攻防持续对抗升级的产物。表 1-1 对网络安全技术的三个时代进行了对比。

表 1-1　网络安全技术的三个时代对比

时代	第一代 (1987—2005 年)	第二代 (2006—2013 年)	第三代 (2014 年至今)
时代背景	• 病毒初现 • 技术简单 • 数量有限	• 木马产业化 • 样本海量化 • 行为复杂化	• 设备多样化 • 系统复杂化 • 攻击多元化 • 恶意程序不再是攻击的唯一手段,甚至也不再是必要的手段
核心技术	特征码查黑	• 云查杀 + 白名单 • 主动防御 • 人工智能引擎	• 大数据 + 威胁情报 • 人工智能 • 协同联动
对抗对象	静态样本	样本与样本行为	攻击者与攻击行为
安全目标	先感染,后查杀	"拒敌于国门之外"	• 追踪溯源,感知未知 • 提前防御,快速响应
关键特征	查黑	查白	查行为

1.3.1　第一代：特征码查黑

1986 年诞生的"大脑病毒"是世界上公认的第一个流行计算机病毒。大脑病毒诞生后的 3 年，即 1989 年，全球第一款杀毒软件 McAfee 在美国诞生。第一个网络安全技术时代就此开始，并持续了近 20 年。

在这个时代,以系统破坏为主要攻击目标的传统病毒是网络安全的主要威胁。不过，由于当时真正会编写病毒的人很少，病毒攻击也大多没有什么利益诉求，所以那时的病毒不仅简单，而且数量有限，每年新出现的流行病毒约有几百到几千个。

正是在这样的时代背景下，产生了以特征码查黑技术为主的第一代网络安全技术。所谓特征码，简单来说就是病毒所特有的程序代码或代码组合（病毒特征库）。而杀毒软件的作用就是拿着一系列特征码和计算机中的程序文件进行一一比对，一旦匹配，就将程序文件判定为病毒并进行杀毒。

特征码技术也被后人视为一种"非黑即白"的杀毒技术，也可以说是一种"查黑"技术。即如果软件查不到特征码，就会对相关程序完全放行，这在日后被证明是很不安全的。

同时，特征码技术主要针对静态样本的源代码，而不太关心程序的行为活动，导致"先感染，后查杀"的情况屡屡发生。另外，特征码的提取对样本分析师的技术水平要求很高，所以当时安全机构能力的高低往往取决于样本分析师的数量和素质。

1.3.2　第二代：云查杀 + 白名单

到了 21 世纪初,恶意程序的发展方向迅速从传统病毒转向以秘密盗窃和恶意植入为目的的木马程序。由于木马程序能够给攻击者带来显著的经济收益，因此迅速出现了木马产业化、样本海量化和木马行为复杂化的形势，木马攻击一度泛滥成灾。

安全形势的急速恶化给第一代网络安全技术带来了前所未有的挑战。首先，恶意程序每天新增几十万到上百万个，根本不可能完全靠人工的方式进行收集和分析；第二，互联网应用越来越多，单纯靠特征码已经很难分辨病毒，针对特征码的免杀技术也层出不穷；第三，病毒特征库快速膨胀，直接耗尽了计算机的计算和存储资源，计算机越来越卡，越来越慢。

2006年以后，人们在互联网技术中引入了安全技术，逐步形成了"互联网技术+传统安全技术"的"互联网安全技术"，其中最具代表性的技术包括白名单、云查杀、主动防御、人工智能引擎。

白名单的思想是，除确认可信的程序以外，其他一切程序都不可信，都必须接受包括云查杀、主动防御等安全技术的监控。

云查杀技术将原本放在计算机中的特征对比工作放了服务器中，从而解放了计算机的计算和存储资源，同时实现了病毒特征库的实时在线更新。特别是在基于程序指纹的杀毒技术出现以后，病毒只要被发现确认，就可以越过特征分析被立即查杀。

这里解释一下，基于程序指纹的杀毒技术就是首先通过数学哈希算法计算出一个程序文件的数字指纹（一个字符串，具有唯一性），如果程序是恶意的，就把数字指纹加入黑名单；如果程序是可信的，就把数字指纹加入白名单；其他的加入灰名单。当用户计算机运行一个程序时，只要提取这个程序的数字指纹和云查杀服务器中的数字指纹进行比对就可以了。如果在黑名单中，就直接查杀；如果在白名单中，就直接放行；如果在灰名单中，就视情况给予一定的风险提示。由于早期的程序指纹提取使用的是 MD5 值，所以这种方法又称为"MD5 值杀毒"。

主动防御技术是指对程序的行为进行监控，一旦发现如篡改驱动、秘密下载、修改浏览器设置等危险操作，就会立即采取防御措施并对用户进行提示的技术。这种方法对于防范黑名单之外的木马程序非常有效。由于主动防御技术也属于一种"查行为"的安全方法，因此，有些情况下它也被视为二代半的安全技术。

人工智能引擎首先对程序文件建立数学模型，之后提取程序文件多种维度的数学特征和代码特征，再通过机器学习形成判断规则，最后自主判断哪些程序的特征组合是有害的，哪些是无害的。

第二代网络安全技术的特点可以概括为"查白"。这一代技术立足于动态防御，目标是"御敌于国门之外"。同时，人工智能引擎的出现大大降低了人工分析的难度，多数情况下，样本分析人员只需要判断一个程序是好是坏就可以了，至于如何提取特征，由计算机完成。

1.3.3 第三代：大数据 + 威胁情报

第二代网络安全技术在民用领域的实践中取得了巨大的成功。计算机时常中病毒的情况得到了有效的改善。但进入 21 世纪第二个 10 年后，情况又发生了巨大的变化。在这个时代，设备多样化、系统复杂化、攻击多元化的情况开始越来越普遍。多样化的接入设备，使得我们很难再通过某款安全软件来解决全部问题。我们不可能给家里的微波炉、孩子的运动鞋、工厂里的机械臂都装上安全软件。系统复杂化的问题则主要出现在企业和机构的信息化改造过程中。业务逻辑、网络结构和管理机制的多样性与复杂性，使得每一个信息系统都如同一个复杂的迷宫，让安全保卫工作无从下手。而与设备多样化、系统复杂化相比，攻击多元化带来的问题更加致命。这种多元化，主要表现在三个方面：一是攻击者目的的多元化，勒索、挖矿、窃密、破坏，干什么的都有；二是攻击者身份的多元化，毛贼、内鬼，什么人都有；三是攻击者手段的多元化，渗透、扫描、预制（设备或软件出厂时就是带毒的）、钓鱼、漏洞、社工（社会工程学）、诈骗等，无所不用。

可以说，恶意程序早已不再是唯一的攻击手段，甚至也不再是主要或必要的手段。所以，前两个时代的以恶意程序为主要对抗对象的网络安全技术显然都不太有效了。于是，以大数据、威胁情报、人工智能、协同联动等技术为代表的第三代网络安全技术涌现了出来。

第三代网络安全技术从 2014 年开始初见雏形，在 2015 年以后迅速发展起来。第三代网络安全技术的特点可以概括为"查行为"。这一代技术的核心目标不再是程序与程序的对抗，而是人与人的对抗。安全工作者对抗的目标是"攻击者与攻击者的行为"，而安全技术和产品则成为延伸"人"的能力的工具。在这个时代，网络安全工作对"人"提出了更高的要求，远超此前的任何一个时代。

如果要用三句话来概括网络安全技术的发展历程，那就是：

从查黑，到查白，再到查行为；

从静态，到动态，再到大数据；

从先感染后查杀，到"御敌于国门之外"，再到快速发现、快速响应。

1.4 政策简史

制度建设是网络安全工作有序、可控发展的重要基础和关键保障。政策法规的持续完善，极大地推动了网络安全的建设，也极大地促进了网络安全产业的持续升级。总体来看，截至目前，我国网络安全政策法规建设过程大致可分为三个阶段：探索和起步阶段、深入和强化阶段、统筹和加速阶段。

1.4.1　20世纪90年代—2002年：探索和起步阶段

1. 防范风险，探索治理

1994年2月，国务院发布《中华人民共和国计算机信息系统安全保护条例》（简称《保护条例》），用于规范和指导我国计算机信息系统的安全防护工作，标志着我国依法管理信息系统安全的步伐正式开启。1994年4月，我国全功能接入互联网，正式成为全球第77个接入互联网的国家。

随着教育、科研、商业贸易等类型的计算机网络逐步连接互通，并与互联网接轨，国际信息交流日益频繁，覆盖人群范围不断扩大，计算机病毒和有害信息的管理控制是当时法规重点考虑的问题。

值得指出的是，将计算机系统按照不同的安全等级进行分类管理，制定不同的安全防护措施，即区分等级的保护思想，在《保护条例》中显示出了雏形。《保护条例》第九条明确指出：计算机信息系统实行安全等级保护。安全等级的划分标准和安全等级保护的具体办法，由公安部会同有关部门制定。

2. 各部门协同

1996年2月，国务院发布《中华人民共和国计算机信息网络国际联网管理暂行规定》。1997年12月，公安部发布《计算机信息网络国际联网安全保护管理办法》。2000年9月，国务院发布《中华人民共和国电信条例》和《互联网信息服务管理办法》。2000年底，《全国人民代表大会常务委员会关于维护互联网安全的决定》通过。2002年9月，国务院发布《互联网上网服务营业场所管理条例》。

综上所述，第一阶段我国互联网安全治理框架处于探索和起步阶段，初步形成各部门协同的治理格局。

1.4.2　2003—2013年：深入和强化阶段

1. 安全规划与建设逐渐深入

2003年9月，《国家信息化领导小组关于加强信息安全保障工作的意见》（中办发〔2003〕27号）发布，对我国加强信息安全保障工作提出了总体要求。

2007 年，公安部等四部委联合发布《信息安全等级保护管理办法》，《信息安全等级保护管理办法》提出的"五级"保护标准，结合被保护对象的重要程度和风险隐患的影响及后果，具有很强的指导性和适用性。

2. 多角度加大规范力度

2011 年 5 月，中华人民共和国国家互联网信息办公室成立。

2012 年底，《全国人民代表大会常务委员会关于加强网络信息保护的决定》对网络实名制、个人电子信息保护等做了严格规定。

2013 年 7 月，工业和信息化部发布《电信和互联网用户个人信息保护规定》。同年 8 月，《国家发展改革委办公厅关于组织实施 2013 年国家信息安全专项有关事项的通知》指出，重点支持金融、云计算与大数据、信息系统保密管理、工业控制等领域。

1.4.3　2014—2020 年：统筹和加速阶段

1. 自上而下，全局统筹

2014 年 2 月，中央网络安全和信息化领导小组成立。没有网络安全就没有国家安全，没有信息化就没有现代化。

在上级单位的大力统筹下，网络安全法律法规、国家标准、等级保护制度建设明显加快。不论是在重点领域的专项工程方面，还是在人才培养、安全技术国家标准、响应协同机制、安全能力提升等方面，我国逐步走出适应自身特点的道路，并加速提升整体网络安全防御的能力和水平。

2015 年，国家发展改革委员会（简称发改委）启动了国家信息安全专项，在金融、民航、电力三大领域的重要信息系统中开展网络安全保障示范工程项目，推动国产密码算法在重要信息系统中的安全应用。

2015 年 6 月，国务院学位委员会决定在"工学"门类下增设"网络空间安全"一级学科，标志着我国网络安全领域人才培养事业进一步加速。

2016 年 4 月，习近平总书记在网络安全和信息化工作座谈会上提出，面对复杂严峻的网络安全形势，我们要保持清醒头脑，各方面齐抓共管，切实维护网络安全。

2. 一分部署，九分落实

自 2016 年开始，我国一些大型机构在相关监管部门的指导下，陆续开展网络安全的攻防演习，查缺补漏，在增强安全应急处置能力的同时，培养安全人才队伍，提升国家关键信息基础设施（简称 CII）的实战化防御能力和水平。

2016 年 12 月底，经中央网络安全和信息化领导小组批准，国家互联网信息办公室发布《国家网络空间安全战略》，对网络空间安全做了系统阐述。

2017 年 1 月，国务院法制办公室就《未成年人网络保护条例（送审稿）》公开征求意见，保护未成年人的网络安全和个人信息安全成为社会共识。

2017 年 3 月，经中央网络安全和信息化领导小组批准，外交部和国家互联网信息办公室共同发布《网络空间国际合作战略》。

2017 年 6 月，《中华人民共和国网络安全法》（以下简称《网络安全法》）正式实施。《网络安全法》是我国网络空间法治建设的重要里程碑，是建设网络强国的基础性、关键性法律。

2017 年 7 月，国家互联网信息办公室发布《关键信息基础设施安全保护条例（征求意见稿）》，进一步加快了关键信息基础设施安全保护的立法进程。

2017 年 11 月，工业和信息化部印发《公共互联网网络安全突发事件应急预案》，进一步完善应对网络安全事件的响应机制。

3. 继往开来，助力强国目标

2018 年 3 月，中央网络安全和信息化领导小组改为中国共产党中央网络安全和信息化委员会。

2018 年 4 月 20 日至 21 日，全国网络安全和信息化工作会议在北京召开。会议指出，没有网络安全就没有国家安全，就没有经济社会稳定运行，广大人民群众利益也难以得到保障。

2018 年 6 月，公安部发布《网络安全等级保护条例（征求意见稿）》，落实《网络安全法》中关于等级保护的要求。同年 9 月，公安部发布《公安机关互联网安全监督检查规定》。

2019 年 5 月，《信息安全技术 网络安全等级保护基本要求》《信息安全技术 网络安全等级保护测评要求》《信息安全技术 网络安全等级保护安全设计技术要求》等国家标准发布，于 2019 年 12 月 1 日起正式实施，这标志着网络安全等级保护工作正式进入"2.0 时代"。

2019 年 10 月，《中华人民共和国密码法》（以下简称《密码法》）作为我国网络空间另一部重要的、基础性法律通过全国人民代表大会常务委员会审议，于 2020 年 1 月 1 日起正式施行。

随着我国数字化进程的加快，网络安全在支撑网络强国、数字中国、智慧社会建设中发挥了极为关键的作用，而网络安全领域政策法律和规章制度的完善，将更好地助力实现强国目标。

第 2 章

网络威胁的形式与影响

网络安全工作是一个持续的攻防对抗过程。要做好网络安全工作，首先要深入、全面地了解各种各样不同形式的网络威胁，了解其基本的攻击原理和攻击过程，了解其可能带来的各种危害与影响，这样才有可能采取有针对性的防护措施。本章将主要从网络威胁产生的环境与位置、网络威胁的典型形式、网络威胁带来的影响几个方面来介绍各种不同的、常见的网络威胁。

2.1 网络威胁产生的环境

2.1.1 安全漏洞层出不穷

安全漏洞一般是指信息系统在生命周期的各个阶段（规划、建设、运营等）中产生的某些问题，这些问题会对系统的安全（机密性、完整性、可用性等）产生影响。随着大数据、云计算、5G、人工智能等技术的发展，数据交换越来越频繁，这就导致网络的边界越来越模糊，漏洞的数量不断增加。

安全漏洞中有一种危害极大的零日（0day）漏洞，是指被发现时软件厂商和公众未知，也未有相应补丁的漏洞。此类漏洞由于扩散范围非常小，而且没有对应的防护措施，因此被利用时具有极高的隐秘性和成功率，是攻击者用来获取非法控制的"核武器"。

攻击者入侵网站、窃取商业文件、发动高级攻击、传播勒索病毒时，常利用安全漏洞作为突破口。

借助对安全漏洞的挖掘和利用能力，攻击者打通网络隧道，使每个攻击目标都可以成为一个网络节点，持久地被控制。从事网络攻击的人员不需要非常强的技术功底，因为使用工具操作简单，并且提供了一整套脚本来指导如何攻击。利用安全漏洞发起的网络攻击已经产业化，形成了庞大的"网络黑色产业"，给企业的正常运转带来了巨大的威胁。

2.1.2 网络攻击场景多样化

新技术推进着企业的数字化进程，为企业转型升级注入了新动能，但是也为企业带来了新的危险。网络攻击面的扩大，丰富了黑客的攻击场景。据全球移动通信系统协会（GSMA）预测，2025 年，全球物联网设备联网数量将超过 250 亿，数以亿计的终端、设备接入互联网，网络安全风险随之增高，网络攻击场景也呈现多样化趋势。

大型跨国黑客攻击，针对关键基础设施、物联网设备的攻击，数据隐私的泄露，勒索病毒的肆虐等，都会对网络造成巨大的破坏，不仅会给个人和企业安全带来严重影响，还会造成极大的经济损失，甚至威胁国家安全。

2.1.3 安全建设基础薄弱

信息技术日新月异，安全管理的信息化水平不断提高，但在国内企业信息系统建设过程中，安全长期缺位、系统带病上线、裸机运行等现象普遍存在，安全与信息化建设还缺乏顶层设计，原有的管理业务流、信息流很难实现无缝整合。例如，许多工业协议、设备、系统在设计之初并没有考虑到复杂网络环境中的安全性，系统生命周期长、升级维护少，存在安全隐患。

此外，互联网在设计之初主要考虑的是信息的传输，基本没有考虑安全问题。由于互联网的共享性和开放性使网上信息安全存在先天不足（其赖以生存的TCP/IP缺乏相应的安全机制），因此其在安全可靠、服务质量、带宽和方便性等方面存在不适应性。

企业安全建设常是由合规性驱动的，"重建设，轻运营、运维"现象普遍存在。

2.2 网络威胁产生的位置

2.2.1 来自外部的网络威胁

网络威胁的首要来源是"不安全的外部空间"。保护一个目标系统最简单、直接的方法就是把它与外部空间隔离开来。隔离的方法可以是软件式的（如安全软件），也可以是硬件式的（一个盒子或一套设备），还可以是物理式的（内部网络和外部网络完全没有任何物理接触）。

外部网络（外网）是一个与内部网络（内网）相对应的概念。对于企业和机构的内网系统而言，整个互联网空间都是外网；而对于企业内网中的某一个单独的隔离区域而言，相邻的其他内网区域也属于外网；如果某些机构共同接入了同一张业务专网，如医疗专网、教育专网等，那么对于专网上连接的所有机构的内网系统而言，它们都互为其他内网系统的外网。正因为外网是一个相对的概念，所以安全工作往往需要层层隔离，步步隔离。

对于内网的管理者而言，外网是一个完全不可控的风险空间。威胁可能来自某个攻击者，也可能来自某个组织；可能来自某台设备，也可能来自很多台设备（如 DDoS）；可能来自木马病毒，也可能来自人工渗透。

早期的安全思想普遍认为，只能在内网中或内网的边界上进行防御，至于攻击者何时、何地发起何种攻击，都是完全不可预知的，防御者只能"见招拆招"。不过，随着威胁情报等大数据安全技术的普及，提前感知和防御来自外网的威胁，对外网威胁进行跟踪溯源成为现实。

2.2.2　来自内部的网络威胁

俗话说"日防夜防，家贼难防"，对于企业和机构而言，网络威胁不一定都是来自外部的，也很有可能来自内部。而且，来自内部的威胁往往更具破坏力，也更加难以防御。例如，中国裁判文书网 2011 年 1 月—2019 年 10 月发布的所有与数据泄露相关的典型判例中，约 80% 是由于内部人员造成的。

内部威胁的产生大致可以分为两类：一类是内鬼，另一类是违规。

内鬼风险大多是由员工的主观恶意行为引发的。产生内鬼的原因有很多，监守自盗、内外勾结、挟私报复、发泄不满、心理问题等因素都有可能引发内鬼行为。例如，2020 年初，国内某知名大型互联网公司的一个供应商的开发人员，因与公司发生矛盾，在后台恶意删除了大量用户数据，直接导致该互联网公司上千万名用户的相关服务被中断。

违规风险大多是由员工的不当操作引起的，主要原因是员工的安全意识不足，如滥用 U 盘、错发邮件、误删数据等。相比于内鬼风险，绝大多数违规风险的损失会小一些，但发生的概率要大得多。

内部威胁并非不可防御，通过零信任、大数据、行为分析等方法，可以对内部威胁进行有效的监测和响应。针对此类问题的解决方案，还有一个比较专业的说法，即 UEBA（User Entity Behavior Analysis），中文为用户实体行为分析。

2.2.3 来自供应链的网络威胁

攻击者在发动攻击前，一般会对攻击目标的整体防御措施做一个初步的试探和评估，如果目标本身的防御措施较完备，试探攻击未达到预期效果，则攻击者常常会采用间接的攻击方式，从攻击目标日常作业流程中薄弱的环节入手，这个薄弱的环节通常是与攻击目标有业务合作的第三方机构。例如，近年来攻击者更愿意从数据产业链的下游发起攻击，窃取数据。由于业务合作需要共享数据，而下游合作企业的数据保护意识或数据保护能力存在不足，更容易被攻击，从而导致数据泄露。

由于外包业务的不断发展，外包服务商逐渐成为企业另一种形式的"内部人"，也成了新的安全威胁。大多数企业的网络是由不同供应商、承包商及分包商建立的，系统建设成后，又多数会委托给第三方机构来运营。整个过程给攻击者提供了植入安全漏洞或利用安全漏洞的机会，只要其中的任意环节遭到利用或攻击，就会引起连锁反应，对企业造成一定的威胁。

近年来，我们观察到了大量基于软硬件供应链的攻击案例。例如，针对 Xshell 后门污染的攻击原理是攻击者入侵软件厂商的网络修改构建环境，植入特洛伊木马；针对苹果公司的集成开发工具 Xcode 的攻击原理则是通过编译环境间接攻击产出的软件产品。这些攻击案例最终影响了数十万甚至上亿名软件产品用户，造成了用户隐私、数字资产被盗取，设备被植入木马等后果。

来自供应链的网络威胁具有威胁对象种类多、极端隐蔽、涉及维度广、攻击成本低（回报高）、检测困难等特性，近年来供应链安全事件频繁发生。

2.3 网络威胁的典型形式

2.3.1 病毒和木马

病毒和木马一般可以统称为恶意程序或恶意软件。前者往往具有一定的显性破坏性，而后者则更倾向于默默窃取；前者更像打砸抢烧的强盗，而后者则更像暗中出手的小偷。但在实践中，我们往往很难将二者严格区分。有些病毒带有木马特征，有些木马也会带有病毒特征。

早期的安全专家往往会把"自我复制性"或"自我传播性"作为病毒和木马的一个必备属性。但进入 21 世纪的第二个 10 年，病毒或木马的大范围、无差别攻击越来越少见，而精准攻击或点对点攻击成为主流。因此，我们也就不能再把自我传播性作为病毒和木马的基本属性。

（1）病毒

病毒对计算机系统造成的破坏包括破坏或删除文件、将硬盘格式化等。病毒的代表有冲击波、震荡波、CIH 等。

不过，这种单纯以破坏为目的的病毒大多是早期攻击者的作品。攻击者制作并传播这类病毒的主要目的是炫技和引发社会关注，一般并不包含任何经济企图。而如今，目的如此"纯粹"的攻击者已经越来越少。

（2）木马

木马是指可以非法控制计算机，或在他人计算机中从事秘密恶意活动的恶意程序。木马通常有两个可执行程序：一个是控制端，另一个是被控制端。木马这个名字来源于古希腊传说（荷马史诗中木马计的故事）。

木马是目前比较流行的恶意程序。与传统的病毒不同，它们一般不会自我繁殖，也并不"刻意"地去感染其他文件或破坏系统。它通过自身伪装来吸引用户下载执行，一旦木马感染成功，木马的控制者就可以在被攻击者的计算机上进行如秘密操控、文件窃取、强弹广告等恶意操作，甚至可以完全远程操控被感染的计算机。而那些被木马操控的计算机，一般称为"肉鸡"或"僵尸"。

下面简单介绍几种常见的木马。

盗号木马：最早流行的一类民用木马，主要用于盗取网银账号、网游账号和社交媒体账号等网络账号和密码。盗号木马的常见盗号方式包括监控用户键盘输入、监控软件交互接口、透明窗隐藏覆盖、仿冒钓鱼盗号等。

远控木马：远程控制类木马。一旦被攻击者的计算机中招，攻击者就可以通过远程登录的方式，部分或全部控制用户计算机。此时，受控计算机也就变成了我们常说的"肉鸡"或"僵尸"。

"流氓"推广木马：木马会强制在用户计算机或手机上下载和安装用户并不需

要的软件、广告等。

窃私木马：多见于手机，它们是专门用来窃取用户隐私信息的，包括通讯录、短信、通话记录、银行信息、社交软件聊天记录、录音和照片等，严重危害用户手机的安全。

挖矿木马：利用被入侵计算机的算力挖掘加密数字货币，从而牟利的木马，在手机、物联网设备和网络服务器中普遍存在。挖矿木马既可以是一段自动化扫描、攻击的脚本，也可以集成在单个可执行文件中。为能够长期在服务器中驻留，挖矿木马会采用多种安全对抗技术，如修改计划任务、防火墙配置、系统动态链接库等。使用这些技术，严重时可能造成服务器业务中断。

2.3.2　勒索病毒

勒索病毒（也称敲诈者病毒）是近年来增长迅速且危害巨大的网络威胁之一，是一类比较特殊的恶意程序。与上述的各类传统病毒和木马不同，勒索病毒既不以单纯破坏为目的，也不以控制或窃私为目的，而通过加密用户文件、锁屏等方式劫持用户文件等资产或资源，并以此敲诈用户钱财。被攻击者一般只有支付赎金，加密的文件才能解密。

勒索病毒攻击成功后，攻击者为了提醒被攻击者支付赎金，一般会篡改用户的计算机桌面。图 2-1 为计算机感染勒索病毒后的一些现象。

图 2-1　计算机感染勒索病毒后的一些现象

勒索病毒经常攻击 Office 办公文档、图片及视频等类型的文件，因为这些文件往往是被攻击者计算机中的重要资料，被攻击者相对来说更愿意为这些文件支付赎金。文件被加密后，其后缀名也会被篡改，被篡改的后缀名也常常被用来为勒索病毒命名。图 2-2 为 locky、wallet、cerber、btc 等几个家族的勒索病毒篡改文件后缀名的示例。

图 2-2　勒索病毒篡改文件后缀名

勒索病毒主要有以下几种常见的传播方式：邮件附件传播、服务器入侵传播、利用漏洞自动传播、通过软件供应链传播和利用挂马网页传播。

在所有的勒索病毒中，最有名的当属 WannaCry。WannaCry 于 2017 年 5 月在全球范围内大规模爆发，它利用了方程式组织泄露的漏洞利用工具"永恒之蓝"实现了全球范围内的快速传播，波及全球 100 多个国家，在短时间内造成了巨大损失。

如今，勒索病毒的攻击范围已经涵盖 Windows、Mac OS、Android、iOS 和虚拟桌面等系统，除加密数据文件外，在手机上还有很多其他的勒索方式，如强制锁屏、修改屏幕解锁密码、修改 PIN 密码、勒索图片强制置顶等。这些勒索方式在技术上都可以破解，但对于绝大多数普通网民而言，仍有一定的难度。图 2-3 是手机被勒索病毒锁屏的界面。

2.3.3　挂马

挂马是指在网页中写入一段恶意程序，当用户使用有漏洞的浏览器浏览挂马网页时，计算机就会感染病毒，而用户对感染病毒的过程往往没有感觉。挂马攻击的过程可大致分为三个环节：恶意程序开发维护、获取修改网站页面权限并植入恶意程序、持续控制"肉鸡"并挖掘价值。

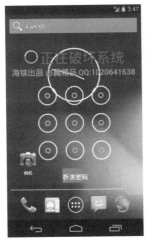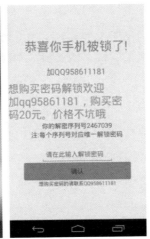

图 2-3　手机被勒索病毒锁屏

　　挂马技术是从 2005 年开始逐渐流行的一种网络攻击技术,在 2008—2010 年,活跃程度达到顶峰,这个时期网上每天可能出现成千上万个挂马网页,很多网民深受其害。由于挂马攻击是利用浏览器或系统漏洞进行的,因此单纯使用杀毒软件往往难以有效防御。

2.3.4　钓鱼网站

　　钓鱼网站常用于网络欺诈行为,指不法分子利用各种手段,仿冒真实网站的 URL 地址及页面内容,或者利用真实网站服务器程序上的漏洞,在站点的某些网页中插入危险的 HTML 代码,以此来骗取用户银行或信用卡账号、密码等信息。常见的钓鱼网站包括虚假购物网站、仿冒银行网站、虚假中奖网站、虚假 QQ 空间等。

2.3.5　域名劫持

　　域名系统（Domain Name System,DNS）是互联网中十分关键的基础设施,它是一个分布式数据库,能与 IP 地址相互映射,从而使用户不用死记硬背那些被机器直接读取的 IP 地址就能方便地访问互联网。域名一旦被劫持,将会引导用户进入攻击者伪造的网站或导致网站无法访问,造成无法估量的后果。

　　域名劫持一般有多种形式。一种是利用各种恶意程序修改浏览器、锁定主页或不停弹出新窗口,强制用户访问某些网站,或者在用户访问 A 网站时将其替换成 B 网站。这种威胁目前由于安全软件和安全浏览器的存在，基本已经被消除。

更高级的一种是通过冒充原域名拥有者，修改网络解决方案公司的注册域名记录，将域名转让给另一团体，让域名指向另一个服务器，使正常的域名访问被指向攻击者引导的内容。

2018 年 4 月，流行的某以太网钱包遭遇域名劫持攻击，攻击者将用户定向到恶意版本的网站并盗用他们的私钥。据媒体报道，攻击持续了几个小时，攻击者从中获得了大约价值 15 万美元的加密货币。

2.3.6 暴力破解

暴力破解指的是攻击者使用自己的用户名和密码字典，在相关网站上一个一个去枚举，尝试是否能够登录。理论上来说，只要字典足够庞大，枚举总是能够成功的。攻击者每次发送的数据都必须封装成完整的 HTTP 数据包才能被服务器接收，因为不可能一个一个手动构造数据包，所以在实施暴力破解之前，需要先获取构造 HTTP 数据包所需要的参数，然后交给暴力破解软件构造工具数据包实施攻击。

暴力破解不是很复杂的攻击，大量的暴力破解请求会导致服务器日志中出现大量异常记录，只要服务器能够进行有效的监控和分析，就可以避免这类攻击。

2.3.7 撞库攻击

撞库是指攻击者通过收集互联网上已泄露的用户名和密码信息，生成对应的密码字典表，在尝试批量登录其他网站后，碰撞出一系列可以登录的账户。用户在登录不同网站时使用相同的用户名和密码，相当于给黑客配了一把"万能钥匙"，一旦丢失，后果无法想象。

撞库攻击需要一定的攻击成本，其中最重要的是撞库的源数据。这些源数据主要通过三种方式获取：一是黑市购买；二是同行交换；三是自行入侵网站并进行"拖库"。

2.3.8 网络诈骗

近年来，网络诈骗的运作模式日趋"专业化"、公司化，犯罪手段也越来越智能化，逐渐形成了恶意注册、引流、诈骗等上下游环节勾连配合的完整链条。如不法分子从处于产业链中游的盗窃团队那里购买最"鲜活"的静态和动态个人隐私信息，把骗术生活场景化和个性化，实施"精准诈骗"；通过模仿流行的营销方法诱导用户转发、分享，实现"随机诈骗"。

下面介绍几种常见的网络诈骗方式及相应的防骗提示。

（1）虚假兼职

骗子利用 QQ、邮箱和搜索引擎等渠道发布虚假兼职广告，诱骗用户上当。虚假兼职诈骗的形式有很多，最常见的是保证金诈骗和刷信誉诈骗。

防骗提示：所谓高薪、轻松的招聘信息多为诈骗信息，找工作应在正规机构或网站上找，并且要查看用人机构的真实性。

（2）虚假购物

骗子通过搜索引擎、QQ 等方式诱骗用户进入虚假购物网站进行购物消费。用户在这些虚假购物网站上消费后，不会收到任何商品。绝大多数虚假购物网站都是模仿知名购物网站进行精心设计和改造的。

防骗提示：不要购买价格明显低于市场正常价格的商品，网购要在正规电商平台完成。

（3）退款诈骗

消费者在网店购物后不久，便会接到自称是网店店主或交易平台客服打来的电话。电话中，对方往往能够准确地说出消费者刚刚购买的商品名称和价格，并以交易失败，要给消费者办理退款手续为由，诱骗消费者在钓鱼网站上输入自己的银行账号、密码、购物网站登录的用户名、密码等信息，进而盗刷用户的银行卡。消费者消费信息的泄露，是骗子能够完成此类诈骗的重要原因。

防骗提示：退款应通过电商渠道正规流程办理，索要银行账号和密码的都是骗子。

（4）网游交易

骗子通过游戏大厅、QQ 群喊话等方式，兜售明显低于市价的游戏装备或游戏道具，诱骗用户到虚假的游戏登录界面或游戏交易网站进行登录或交易，进而骗取用户的游戏账号、游戏装备和虚拟财富。此类诈骗往往还会结合交易卡单、解冻资金等其他骗术实施。

防骗提示：游戏交易要查看交易网站的合法性，明显低于市场正常价格的交易大部分为诈骗。

（5）赌博

骗子诱骗用户在虚假的博彩网站上进行赌博活动。而用户无论在这些博彩网站上是赔是赚，都无法将赌资从自己的账户中提走。还有一些虚假的博彩网站会操纵赌博过程，诱使用户的赌资快速输光。

防骗提示：赌博不仅危害社会秩序，影响生产、工作和生活，而且往往是诱发其他犯罪的温床，对社会危害很大，应予严厉打击。

（6）视频交友

骗子通过虚假的视频交友网站诱骗用户不断交费，以获取更高级别的服务特权。但实际上，无论用户向自己的账户中充多少钱，都看不到网站承诺的任何服务。更有甚者，通过让用户安装木马软件，获取其通讯录、摄像头等隐私权限，再诱导用户做出不雅动作并暗中录制视频，以不交钱就将视频发给通讯录亲友为由进行勒索诈骗。

防骗提示：提供色情视频服务的网站不可信任。同时在网络交友时，不要轻易给对方转账。

（7）金融理财

骗子开设虚假的金融网站、投资理财网站，通过超高收益诱骗投资者进行投资。而投资者一旦投资，往往无法取回本金。常见的金融理财诈骗形式包括天天分红、网上传销和 P2P 欺诈等。

防骗提示：金融理财商品要在大型机构购买，不要相信所谓的无风险、高回报、内幕消息等宣传。

（8）虚假团购

骗子开设虚假团购网站诱骗用户进行消费。虚假团购网站大多通过搜索引擎的推广服务进行传播。虚假团购网站销售的商品以游乐园门票、电影票、餐饮券等居多，误入虚假团购网站会导致财产损失。

防骗提示：对于不知名的团购网站，需要查看网站备案等是否合法，谨慎团购商品。

（9）虚假票务

骗子开设虚假票务（如飞机票、火车票、轮船票等）网站实施诈骗。

防骗提示：办理退、改签业务要找航空、铁路公司或正规商家办理，不可轻信陌生短信、电话等办理方式。

（10）虚假批发

骗子开设虚假批发网站，诱骗消费者进行购买。

防骗提示：对于低价、批发的产品，需要查看卖家的营业资质等是否合法，谨慎批发商品。

（11）"杀猪盘"感情诈骗

骗子会通过有意或无意的方式与用户建立联系，通过预先准备好的话术、图片、视频等素材创建积极向上、单纯善良、情感受挫等人设，慢慢与用户培养感情，建立恋爱、挚友、合作伙伴等关系，诱导用户投资、赌博、购买商品或直接转账。

防骗提示：在网络上不要轻易相信他人。

（12）网购木马

网购木马是专门用于劫持用户交易资金的木马，此类木马大多通过 QQ 传播。

防骗提示：不要轻易安装未知来源的软件，软件要在官方渠道下载。

（13）虚假中奖

骗子通过虚假中奖短信等方式，以巨额奖金为诱饵，诱骗用户进入虚假中奖网站，再以"先交费/税，后提货"为由，诱骗用户向骗子账户转账。

防骗提示：如果参与抽奖活动，要通过官方渠道核实中奖信息，不轻信短信、邮件等告知的中奖信息。

（14）话费充值

骗子建立虚假话费充值网站，通过搜索引擎等渠道诱骗消费者充值。

防骗提示：话费充值要在官方网站或大型第三方网站进行，不可轻信低价、特价信息。

（15）虚假药品

骗子开设虚假药品网站，销售假药或只收钱、不卖药。

防骗提示：购买药品要认准生产商，要在正规渠道购买，杜绝来路不明的药品。

（16）账号被盗

骗子盗取用户的银行账号、社交软件等的用户名和密码，从而盗取用户钱财。

防骗提示：网银、网上支付、常用邮箱、社交软件应单独设置密码，切忌一套密码到处用，重要账号还应定期更换密码。

（17）冒充熟人

骗子冒充用户的父母、兄弟、姐妹、朋友、同事、领导等熟人，通过短信、QQ、电话等方式来骗取钱财。

防骗提示：接到陌生电话，不要透露过多个人信息，如果遇到转账等要求，需要核实对方身份，不可轻易转账。

（18）冒充公检法办公人员

骗子冒充公安机关、法院、检察院等国家机构的办公人员，谎称用户涉嫌某类案件需要配合调查，并以恐吓、威胁等方式要求用户通过 ATM、网银等方式将资金转入所谓的保障账户、公正账户等。

防骗提示：公检法办公人员不会要求公民将资金转入某些账户配合调查。

（19）代办信用卡

骗子谎称是银行机构或银行业务代办机构的工作人员，可以帮助用户办理大额信用卡，骗取用户佣金。

防骗提示：信用卡要在银行或通过其指定的正规渠道办理，通过个人办理高额信用卡不可信。

（20）信用卡提升额度

骗子谎称是银行机构或银行业务代办机构的工作人员，可以帮助用户提升信用卡额度。

防骗提示：不要相信此类信息，提升信用卡额度需通过正规渠道办理。

（21）虚假客服

骗子冒充银行、运营商、淘宝、腾讯等一些正规机构的客服人员，给用户打电话，谎称帮助办理某项业务，从而盗取用户的银行账号、密码等，造成用户的财产损失。

防骗提示：可通过运营商官方网站、客服电话等渠道查询真伪，不轻信主动打来的电话和发来的短信。

（22）代付欺诈

代付是第三方支付平台提供的一项付款服务，消费者在购买商品时，可以找他人帮忙代付。骗子伪装成卖家，在与消费者谈好交易后，将一个伪装好的代付链接发给消费者，而消费者付款的商品并不是先前谈好的商品，导致被骗。

防骗提示：网络购物需按照电商平台正规流程付款，其他付款方式风险高，如需代付，需看清付款链接的商品后再支付。

（23）微信红包

骗子主要通过微信，以返还红包、借钱、话费充值、进群必须发红包等为借口骗取用户财产。

防骗提示：不要随意给陌生人发红包，需交钱才能进入的群多从事诈骗、赌博、色情等违法活动。

（24）补贴诈骗

骗子冒充民政部门工作人员，给用户打电话、发短信，谎称可以领取生育补贴，要其提供银行账号，然后以资金到账查询为由，让其在 ATM 上进入英文界面操作，将钱转走。

防骗提示：不轻信此类电话、短信，补助款项接收需按正规流程办理，需在 ATM 办理的均为诈骗。

2.3.9 邮件攻击

邮件攻击是网络中常见的一种攻击方式，很多人收到过垃圾邮件，而垃圾邮件中可能就潜藏着病毒。邮件攻击也是攻击者针对企业发起攻击的主要形式，攻击者会窃取登录密码，冒充管理员欺骗网内其他用户，利用企业升级防火墙的机会趁机植入非法软件；更常见的是冒充企业高管或财务，发送要求转账的邮件。

2.3.10 网页篡改

网页篡改，即攻击者故意篡改网络上传送的报文，通常以入侵系统，然后篡改数据、劫持网络连接并篡改或插入数据等形式进行。

对于网页篡改攻击，想要做到预先检查和实时防范有一定的难度。网页篡改攻击工具正在向简单且智能化发展，同时由于网络环境复杂，因此责任难以追查。虽然目前已经有防火墙、入侵检测等安全防范手段，但各类 Web 应用系统的复杂性和多样性导致其系统漏洞层出不穷、防不胜防，使攻击者入侵和篡改网页的事件时有发生。

2.3.11 DDoS 攻击

拒绝服务（Denial of Service，DoS）攻击能使计算机或网络无法提供正常的服务。DoS 攻击是指故意攻击网络协议实现的缺陷或直接通过野蛮手段残忍地耗尽被攻击者的资源,目的是让目标计算机或网络无法提供正常的服务或资源访问,使目标系统服务系统停止响应,甚至崩溃,而此攻击无须侵入目标服务器或目标网络设备。这些服务包括网络带宽、文件系统空间容量、开放的进程或者允许的连接。这种攻击会导致资源匮乏,无论计算机的处理速度有多快、内存容量有多大、网络带宽有多宽,都无法避免这种攻击带来的后果。最常见的 DoS 攻击有计算机网络带宽攻击和连通性攻击。

分布式拒绝服务(Distributed Denial of Service,DDoS)攻击的原理是攻击者通过在网络上控制的很多机器一起对目标系统发动 DoS 攻击。DDoS 攻击是分布式的,改变了传统的点对点攻击模式,使攻击没有规律可循。在进行攻击时,DDoS 通常使用的也是常见的协议和服务,这样只从协议和服务的类型上是很难对攻击进行区分的。在进行攻击时,数据包都会经过伪装,源 IP 地址也是伪造的,因此很难对 DDoS 攻击进行地址确定,查找起来极其困难。

2.3.12 APT 攻击

高级持续性威胁(Advanced Persistent Threat,APT)是指有组织、有计划的,针对特定目标的一系列攻击行为,针对特定目标实施的长久、持续且隐匿的网络攻击活动。APT 攻击的攻击者通常具有强大的资金支持,具备高超的技术能力,而非普通网络黑客或网络犯罪团伙。

近年来,APT 攻击的主要攻击目的是长久性的情报刺探、收集和监控。

2.4 网络威胁带来的影响

2.4.1 业务或系统中断

遭受网络攻击时,每家企业受到的影响都是不一样的,但各行业之间有共通的关键领域。例如,对零售业而言,信用卡数据很重要;对医疗保健行业而言,个人身份识别信息(PIN)很重要;对制造业而言,知识产权遗失可能是致命的打击。然而,各企业遭受网络攻击时最容易被低估的严重影响往往是业务中断。

2019 年 3 月 22 日,挪威某铝业公司发布公告称,旗下多家工厂受到一个名为 LockerGoga 的勒索病毒攻击,数条自动化生产线被迫停运。据悉,勒索病毒最初感染了该公司美国分公司的部分办公终端,随后快速蔓延至全球内部办公网络,部分工厂的生产控制网络因缺乏边界防护措施遭到入侵。

2019 年 4 月 9 日，日本某光学产品生产商称，其位于泰国的工厂曾在 2 月底遭受了一次严重的网络攻击，工厂生产线因此停运三天。网络攻击发生后，一台负责生产控制的主机服务器被病毒入侵后首先宕机，导致工厂用来管理订单和生产的软件无法正常运行，随后病毒在厂区继续蔓延，相继感染网络中的 100 余台终端设备，导致大量系统登录 ID 和密码被窃取。据悉，网络攻击持续三天后，公司系统才逐步恢复，在此期间攻击者还曾尝试劫持厂区所有主机用以挖掘加密货币，但未成功。

2019 年 5 月，针对美国某城市的勒索病毒攻击，让政府政务系统停运数周。

2019 年 12 月，荷兰某大学遭勒索病毒攻击，导致其所有系统关闭，教师只能线下办公。

2020 年 2 月，某集团发布公告称，因 SaaS 业务数据遭到一名员工"人为破坏"，导致系统故障。目前，该企业的生产环境及数据被严重破坏，约 300 万个平台商家的小程序宕机，其中不乏知名企业及品牌。

2020 年 4 月，一家号称"世界最安全的在线备份"云备份服务提供商的客户数据遭泄露。vpnMentor 的研究团队发现，由于 ES（Elasticsearch）数据库配置错误，该企业大约暴露了 1.35 亿条客户信息记录，其中约 70GB 是客户账户元数据信息，包括架构、参数、描述和管理元数据，覆盖该企业云服务的方方面面，严重影响企业业务运行。

2.4.2　数据丢失或泄露

网络威胁导致数据丢失或泄露事件频发。从淘宝信息、金融信息、医疗信息、社保信息、车辆信息到详细的个人信息，如身份证、家庭住址、电话号码等，都是窃取者、倒卖者的目标。

2.4.3　经济损失

无论是对国家、部门、企业，还是个人而言，网络攻击引发的实际经济损失都在不断增长。

英国某保险组织发布了一份最新的全球网络安全保险研究报告。该报告称，一起全球的极端性网络攻击事件有可能引发高达 530 亿美元的经济损失。

银行、支付软件,这些与每个人密切相关的平台或场所,记录了每个人每天的支付和购买痕迹,更关键的是,支付信息这类隐私一旦泄露,就相当于将每个人的财产置于公开、危险的环境下。

2017 年 5 月爆发的 WannaCry 勒索病毒攻击蔓延到了全球 100 多个国家,造成了全球约 80 亿美元的损失。同年 6 月,NotPetya 病毒先在乌克兰感染了计算机,然后蔓延到了全球企业。它对被感染的数据进行加密,同时破坏港口、律师事务所和工厂的活动。NotPetya 病毒产生的经济损失约为 8.5 亿美元。

2019 年 7 月,某知名连锁餐饮公司发布消息称,可在某便利店使用的手机支付 App 因遭第三方非法入侵,可能已造成约 900 名用户,合计 5500 万日元(约人民币 350 万元)的损失,该公司将予以全额补偿。

2.4.4　企业声誉受损

企业遭受网络攻击事件,经报道被公众知道后,对企业声誉、客户满意度、市场占有量、股价及企业合规性等都将产生极负面的影响。就像游戏网站、快递公司、淘宝商家、物流公司、机械公司等一些已经在当地或是全国有一定知名度的企业,当用户打开该企业的官方网站时,若发现网站打不开,第一次用户会直接关闭,但次数多了,用户就会对该企业产生怀疑,进而影响用户对该企业的印象。

有的攻击者长期潜伏在学校等教育机构的系统中,从事挖矿、植入暗链等非法活动,不仅影响正常教学的效率,还会影响声誉。

2.4.5　威胁人身安全

虚拟世界正逐渐和现实世界接轨,网络攻击也正在走向现实世界,例如,智能汽车、智能家居被攻击的事件,就是典型的网络攻击走向现实世界的证明。物联网、云计算的发展,使越来越多的设备被联系在一起,在给世界带来方便、进步的同时,也将不可避免地引发安全问题,甚至会危胁人身安全。

由信息系统的设计缺陷导致的重大交通安全事故时有发生。飞机、自动驾驶汽车的设计缺陷前后被证实,提醒人们交通信息系统设计安全的重要性。

2.4.6　破坏社会秩序

现在是大数据与万物互联的时代,智慧交通、智慧医疗、智慧城市的建设加快，对数据的破坏将可能直接导致关键信息基础设施的瘫痪，安全问题也将威胁到城市的正常运转。

以往常见的攻击模式是攻击者通过安全漏洞进入系统，然后窃取用户信息和数据，但是随着汽车、电梯、交通等设备联网，网络安全问题有可能直接威胁到用户的生命安全。而工业互联网一旦被攻击，可能导致企业、地区，甚至国家关键业务的瘫痪。例如，电厂、水利工程、核电站都是工业互联网的一部分，如果一个水电站大坝的闸门控制系统遭到了攻击，或者核电站的"核按钮"被控制，将会给整个社会带来巨大灾难。

2019 年 7 月，南非某电力公司遭勒索病毒攻击，该公司的应用程序、数据库都被攻击者进行了恶意加密，导致对外服务基本陷入瘫痪，居民无法进行网上缴费，供电被迫中断。

2019 年 9 月 5 日，美国某电力可靠性公司在其网站"经验教训"专栏中发布文章称，美国西部某电力公司曾因边界防火墙遭网络攻击，导致其控制中心与多个发电厂之间的通信发生中断。据悉，该电力公司使用的防火墙固件中存在安全漏洞，攻击者远程发起攻击，导致目标设备不断重启，网络通信中断。

2.4.7 危害国家安全

没有网络安全就没有国家安全。攻击者凭借高超的技术，甚至可非法闯入军事情报机构的内部网络，干扰军事指挥系统的正常工作，窃取、调阅和篡改有关军事资料，使高度敏感信息泄露，严重国家安全。

第 3 章
网络安全常用的关键技术

网络安全工作需要综合运用多学科、多种不同类型的技术。现代网络安全实践已经形成了庞大而复杂的技术体系,涉及软件、硬件、信息科学、网络工程和密码学等多个领域。本章主要从终端安全、边界安全、网络识别、威胁检测、安全运营与监管和其他重要网络安全技术这 6 个角度对企业和机构在网络安全防护中常用的关键技术进行基本介绍。

3.1 终端安全

3.1.1 安全引擎技术

安全引擎是安全软件的核心技术,它通过特定的算法或规则体系,对本地的程序或文件进行风险分析和行为控制,并对检出的恶意程序进行查杀。不同的算法或规则体系形成了不同的安全引擎。目前,国内外主流的终端安全厂商大多拥有自己独立研发的安全引擎。此外,还有一些组织发布了开源的安全引擎。

目前,安全引擎已经发展到了第三代。

第一代安全引擎的特点是采用"特征码查黑"技术,也称为"静态黑特征匹配"技术。通俗地说,就是设法给恶意程序打上一组"黑样本"标签,当安全引擎发现这些"黑样本"标签时,就对样本进行查杀或隔离。

第二代安全引擎的特点是将"行为检测"与"黑白名单"技术相结合。其中,行为检测是指安全引擎会对程序的各种行为或操作进行持续监控,并据此分析程序是否存在恶意行为。这种方法克服了"特征码查黑"的诸多局限性。

第三代安全引擎的特点是新增了"内存指令控制流检测"。简单来说,就是安全引擎会对内存中运行的指令进行智能分析,以此来判断此时此刻是否有恶意行为在系统中发生,判断的依据就是攻击行为本身的特点。而所谓的攻击行为,并不一定都是由恶意程序触发的，也可能是由某些漏洞利用代码或后门调用指令触发的。

事实上，第一代和第二代安全引擎都属于单纯的杀毒引擎，主要针对木马病毒等恶意程序。而第三代安全引擎已经超出了杀毒引擎的概念范畴，它是对攻击行为的深层防护，是对所有漏洞和后门利用技术的防护。

3.1.2 云查杀技术

云查杀技术就是一种联网查询威胁信息，辅助本地系统进行安全检测和响应的安全技术。

早期的杀毒软件，一般会把病毒特征库保存在本地计算机中，并通过病毒特征库的持续更新来维持杀毒能力。但这种方法需要消耗大量本地存储资源，还会导致系统卡顿，而且很难做到及时更新。当木马病毒样本以每天数十万乃至上百万个的速度增长时，传统的查杀方法就显得力不从心了。

2006 年以后，人们开始用互联网安全技术对传统的杀毒技术进行改造，逐渐形成了以云查杀和白名单为代表的一系列新型互联网安全技术。使用云查杀的杀毒软件，其主要特点是可以将恶意程序特征库保存在服务器上。杀毒软件通过一些简单高效的算法，提取程序或文件的特征上传到服务器，由服务器进行特征比对，并将比对结果返回给杀毒软件，杀毒软件再根据比对结果进行相应的处置。

云查杀技术大大减轻了本地负担，杀毒软件从此开始变得轻巧，存储空间从几 GB（包括病毒特征库）逐渐减小到 100～200MB，而且运行速度大幅提高。同时，云查杀技术也使杀毒软件对新生恶意程序的反应速度提升了几个数量级，因为杀毒软件厂商只需在服务器端持续更新，就能够保证所有联网的杀毒软件获得最新的反病毒能力，无须等待恶意程序特征库的下发。

云查杀技术为后来的威胁情报技术、态势感知技术等各类大数据安全技术的发展奠定了基础，安全浏览器的恶意网址识别、防火墙系统的动态规则配置等也都使用了云查杀技术。如今，云查杀技术几乎已经成为所有智慧型安全产品的标配。

3.1.3 白名单技术

白名单技术是与云查杀技术相伴而生的一种网络安全技术，其核心思想是给已确定的"好程序"建立档案，即白名单；当一个程序或文件的云查杀结果命中白名单时，系统直接予以放行。

白名单技术的设计初衷是提升云查杀的效率，毕竟用户计算机中运行的绝大多数程序都是"好"的。为"好程序"建立白名单，可以避免大量"没有结果"的重复查询。但后来人们发现，白名单本身也是一种很好的安全机制，在某些安全级别要求较高的系统中，如在某些专网或工业主机中，采取只允许"白名单"程序运行的强安全策略非常可靠。

白名单技术的实践难点在于海量名单的收集、更新和鉴别。同时，白名单技术还必须配合驱动程序保护技术共同使用。因为如果没有底层的驱动保护，恶意程序就可以轻易地将自己伪装成白名单程序，混过安全检查。

不过，白名单技术也不是绝对可靠的。在攻防技术发展中，人们发现了"混白"技术或"白利用"技术，即便是"好程序"，也有可能被恶意利用做坏事。所以，对"好程序"也需要进行行为监测。

3.1.4 沙箱技术

沙箱技术就是在计算机中建立一个虚拟的安全空间，并将程序置于这个封闭的环境中运行，即便运行的程序可能有风险，病毒也无法接触到真实的计算机系统，从而避免了其对计算机系统的破坏。这就像在医院里建立了一个与外界完全隔绝的操作室，在操作室里所做的所有带菌操作，都不会对外界产生任何影响。

沙箱技术在安全软件、安全浏览器中被广泛应用，经过工程化改造的沙箱还可以用于恶意程序行为分析。也有一些民用安全软件为个人用户提供了简易沙箱功能，如果用户担心程序或文件有风险，但又很想看看其中的内容，那么可以把这个程序或文件拖入沙箱中运行，既能看到结果，又能避免风险。

3.2 边界安全

3.2.1 防火墙

防火墙（Firewall）是指设置在不同网络（如可信任的企业内部网络和不可信的公共网络）或网络安全区域（Security Zone）之间的一系列部件的组合，是最常用、最重要的安全产品之一，是边界安全解决方案的核心。

防火墙可以提供访问控制，对常见的网络攻击进行有效防护，并提供地址转换、流量管理、用户认证等增强功能；接收进出被保护网络的数据流，并根据防火墙所配置的访问控制策略进行过滤或做出其他操作，不仅能够保护网络资源不受外部的侵入，还能够拦截被保护网络向外传送的有价值的信息。

防火墙可以用于内部网络与互联网之间的隔离，也可用于内部不同网络安全区域之间的隔离。防火墙的结构如图 3-1 所示。

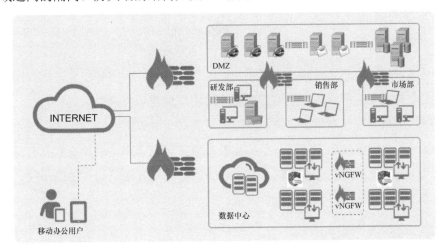

图 3-1 防火墙的结构

防火墙的主要工作类似于在机场安检中查验身份证与登机牌（相当于防火墙的访问控制功能），然后在通过身份验证后，通过 X 光对旅客行李及随身携带的物品进行进一步深入检查［相当于防火墙的威胁防护功能，比如 IPS（Intrusion Prevention System）、AV（Anti Virus）等］。

3.2.2 网闸

网闸是安全隔离与信息交换系统的通俗说法，网闸是实现物理隔离的网络边界设备。网闸的主要特点是使用私有协议、专用隔离装置和读/写介质等方式进行信息传输，而且只对指定应用产生的信息进行传输。网闸被广泛应用在公安机关和保密机构等对安全性要求较高的内部网络中。

网闸的作用类似于给行李物品重新打包。例如，出于安全考虑，某些承运者可能会要求乘客不得使用自己的行李箱，而是必须把行李物品重新装入承运者指定的行李箱或包装盒中，而且只允许打包几种特定的物品，其他物品一律禁运。

网闸的局限性在于信息传输效率较低，信息传输种类单一，不适合内外数据交换量较大的隔离网络，这也是国外很少使用类似设备的主要原因。

不仅如此，如果隔离网络中的设备还有其他联网方式，如通过 Wi-Fi 等，那么网闸将形同虚设。例如，在 2017 年 5 月发生的 WannaCry 攻击事件中，国内有大量使用了网闸进行隔离的内部网络被 WannaCry 大面积感染，主要原因之一就是网络隔离不彻底。可见，世界上并没有绝对安全的隔离措施。

3.3　网络识别

网络识别一般是指对网络中的系统、人员、资产、数据等信息进行识别、分类和定位的技术。网络识别能够帮助管理员更好地理解自身的系统和能力，进而能够对网络风险进行有效的定位和管理。只有在了解组织业务、支持关键业务的资源及相关的网络安全风险后，组织才能根据其风险管理策略和业务需求将资源集中投入到优先级高的工作中。本节主要介绍三种比较常用的网络识别技术：网络资产识别、网络流量识别和身份识别。

3.3.1　网络资产识别

网络资产，简称资产，是指对组织具有价值的信息或资源，是安全策略保护的对象。网络威胁利用资产自身的脆弱性，使得安全事件的发生成为可能，从而形成安全风险。资产通常以多种形态存在，包括用户、数据、应用、硬件、服务等。而资产识别技术就是在信息系统中发现和定位各类资产的一种基础性网络安全技术。

对资产的有效管理，是网络安全管理中基础、重要的工作。全方位、无死角地掌握资产信息意义重大，可直接影响网络风险、脆弱性评估的准确性，甚至影响对攻击行为的响应处置。

完备的资产识别技术与可视化的资产管理工具相结合，能够帮助管理员提高对网络基础设施基本安全信息的管理能力，为企业的网络安全建设提供有效的支撑。特别是在发现新的安全漏洞后，该技术可以使系统在第一时间做出快速响应，迅速定位漏洞影响范围及设备，并辅助系统全程跟踪、记录漏洞整改过程。

3.3.2　网络流量识别

网络流量泛指网络中传输的数据流或信息流。网络威胁的发生往往会引起网络流量的各种异常现象。在恰当的位置部署网络流量检测设备，就有可能从流量数据中分离出威胁信息或数据流，进而对其采取必要的、有针对性的处置措施。

不过，要想从流量数据中分离出威胁信息，首先就需要对流量数据进行识别。我们不仅需要知道哪些是正常的流量，哪些是异常的流量，还需要知道什么样的流量来自什么样的设备、支持什么样的协议、对应什么样的应用（如社交软件、邮箱、浏览器等）。

网络流量识别技术的实现过程非常复杂，且识别精度越高，支持的协议越多，实现起来也就越复杂。同时，绝大多数基于网络流量识别的威胁分析系统，都需要具有实时或准实时的分析能力，因此往往对设备的性能要求较高。

常见的网络流量识别技术包括端口识别技术、深度包识别技术、深度流识别技术、基于行为特征的流量分类识别技术，以及基于机器学习的流量分类识别技术等。特别地，现在很多新型木马程序会把数据加密后再进行传输，但我们又不能简单地认为加密的流量一定是恶意的（因为很多对安全性要求较高的软件也会把数据加密后再传输），这就引出了网络流量识别技术中的另一个分支——加密流量识别。

3.3.3 身份识别

身份识别是信息系统中权限管理、访问控制和行为分析的基础。一个用户可以接入什么样的环境、访问什么样的资源、进行什么样的操作，都是系统安全运行的重要基础。非法用户的非法操作，合法用户的越权操作或误操作，都有可能给系统带来安全风险。因此，在用户访问系统前对其进行身份识别，在用户访问系统时根据其身份动态地分配权限，对用户行为进行记录，都是十分重要和基础的网络安全工作。

需要说明的是，网络中的身份对应的并非一定是物理世界中的一个人，身份是网络的参与主体在网络系统中唯一的信息标识，这个标识对应的物理实体可能是一台设备、一个系统、一个软件或一个进程。

要在系统中准确地对身份进行识别，其实并不简单。早期的身份识别技术大多只依靠 IP 地址、MAC 地址、设备特征、账号、密码等简单信息，但这些信息大多很容易被盗取或仿冒，因此系统很容易被攻击。而现代的身份识别技术已经逐步发展成集密码、认证、VPN、行为分析、大数据分析等多种安全技术于一体的综合性安全技术。

3.4 威胁检测

3.4.1 网络入侵检测

网络入侵检测技术也称网络实时监控技术，可视为对计算机和网络资源的恶意使用行为进行识别和响应处理的技术。它通过硬件或软件对网络中的数据流进行实时检测，并与系统中的入侵特征数据库进行比较，一旦发现有被攻击的迹象，立刻根据用户所定义的动作做出反应，如切断网络连接、通知防火墙系统对访问控制策略进行调整、过滤入侵的数据包等。

网络入侵检测部件可以直接部署于受监控网络的广播网段，或者直接接收受监控网络旁路过来的数据流。为了更有效地发现网络被攻击的迹象，网络入侵检测部件应能够分析在网络中使用的各种协议，识别各种网络攻击行为。网络入侵检测部件对网络攻击行为的识别通常是通过网络入侵特征库实现的，这种方法有利于在出现了新的网络攻击手段时方便地对网络入侵特征库进行更新，提高网络入侵检测部件对网络攻击行为的识别能力。

随着网络安全风险系数的提高，作为防火墙有益的补充，网络入侵检测技术能够帮助网络系统实时发现、识别攻击的发生，提升了管理员的安全管理能力。因此通过网络入侵检测技术和防火墙系统的结合，可以实现一个完整的网络安全解决方案。

3.4.2 流量威胁检测

流量威胁检测技术以网络流量数据为基础，网络流量数据不是简单依赖设备的日志，而是以一种高价值、高质量的网络数据表示——"网络元数据"存在的，其数据来源包括流量数据包、会话日志、元数据、告警数据、附件、邮件、原始还原数据等，也就是网络流量大数据。

流量威胁检测技术基于网络流量分析，为用户识别和发现漏洞利用、高级木马通信、APT 攻击、数据窃密等提供有效的监控手段，让系统对网络的异常行为有敏锐的感知能力，让数据的检验无死角，解决了传统网络安全措施无法解决的问题，发现了传统网络安全措施不能发现的问题。

3.4.3　网络安全扫描

网络安全扫描技术是一种安全检测技术，一般通过漏洞扫描等手段对指定的计算机系统和网络设备的安全脆弱性进行检测，从而发现安全隐患和可被利用的漏洞。通俗地说，网络安全扫描就是对系统进行诊断检测，看看其是否存在漏洞，如果存在漏洞，就通知管理员进行及时修复。

网络安全扫描其实就是漏洞扫描，指出于安全目的的扫描，因为漏洞扫描也有可能是攻击者进行的，所以通常我们用网络安全扫描指代出于安全目的的漏洞扫描。

利用网络安全扫描技术，可以对局域网、Web 站点、主机操作系统、系统服务及防火墙系统的安全漏洞进行扫描，管理员可以了解在运行的网络系统中存在的不安全的网络服务，可以了解在主机操作系统上存在的可能导致遭受缓冲区溢出攻击或者拒绝服务攻击的安全漏洞，还可以检测主机操作系统上是否安装了窃听程序、防火墙系统是否存在安全漏洞和配置错误。

近年来，随着安全思路的扩展，一些关于端口扫描、主机识别、服务器或协议的识别技术也被归纳为网络安全扫描技术。

3.5　安全运营与监管

3.5.1　终端检测响应技术

终端检测响应技术（Endpoint Detection and Response，EDR）是基于终端大数据分析的新一代终端安全技术，能够对终端行为数据进行全面采集、实时上传，对终端进行持续检测和分析，增强对内部威胁事件的深度可见性，同时结合威胁情报中心推送的情报信息（IP 地址、URL、文件 HASH 等）帮助企业及时发现、精准定位高级威胁。

终端是最基本的网络节点，也是互联网组成的基本要素。因此终端安全是网络安全的基础，对于企业和机构来说同样如此。与一般的个人计算机不同，企业和机构内部的计算机必须要解决集中管控的问题。就如"木桶效应"，如果一个企业内部有 100 台计算机，只要有一台计算机被攻破，那么企业的整个内部网络也就被攻破了。所以机构的内部安全管理，必须保证每一台计算机、每一个终端都是安全、可控、运行规范的。

从近几年的安全事件来看，针对企业和机构的高级持续威胁越来越多。从单纯依靠病毒投递，到利用 0day 漏洞入侵，释放增加攻防对抗的恶意样本；从单一脚本工具扫描，到全方位资产探测后的多维度渗透，攻击者的这些高级攻击手段的出现，让第一代特征码查黑技术和第二代云查杀+白名单技术都力不从心，这时安全体系的建设急需第三代引擎来弥补高级威胁应对能力不足的问题，此时的第三代引擎，以全面采集大数据为基础，以机器学习、人工智能的行为分析为核心，以威胁情报为关键，更好地支撑威胁追踪和应急响应，这也是 EDR 产品的核心价值所在。

3.5.2　网络检测响应技术

网络检测响应技术（Network Detection and Response，NDR）是指通过对网络流量数据进行的多手段检测和关联分析，主动感知传统防护手段无法发现的高级威胁，进而执行高效的分析和回溯，并智能地协助用户完成处置的技术。

网络是一切业务流量及威胁活动的载体，也是安全防护体系中的"咽喉要塞"，传统的网络安全防护以预设规则、静态匹配为主要手段，在网络边界处对进、出网络的流量进行访问控制和威胁检测。随着网络威胁的持续演进，强依赖于威胁特征的静态检测常常难以有效应对当前范围更广、突发性更强的网络威胁。

下一代防火墙（NGFW）等应用层安全设备在网络中的广泛部署，使得管理员对于网络流量中承载的用户、应用、内容等能够体现网络行为的信息具备了更强的洞察力，为网络的安全防护向积极防御迈进提供了有利条件。结合当前快速发展的威胁情报技术、异常行为建模分析技术，我们有条件对网络行为数据进行更深入的分析，从而弥补传统静态特征检测仅识别已知威胁的局限性，做到"见所未见"，并做出智能化处置，提升应急响应的效率。

3.5.3　安全运营平台

目前，几乎所有 IT 应用成熟度较高的大型企业或机构都设有安全运营中心（SOC），它是网络安全防护体系从设备部署，到系统建设，再到统一管理这一发展过程的产物。SOC 可以监控和分析网络、服务器、终端、数据库、应用和其他系统，寻找可能的安全事件或者受侵害的异常活动，确保潜在的安全事件能够被正确识别、分析、防护、调查取证和报告。

下一代 SOC（NGSOC）是基于大数据架构构建的一套面向企业和机构的新一代安全管理系统。NGSOC 在原有 SOC 的基础上利用大数据等创新技术手段，通过流量检测、日志分析、威胁情报匹配、多源数据关联分析等技术为用户提供资产、威胁、脆弱性的相关安全管理功能，并提供对威胁的事前预警、事中发现、事后回溯功能，贯穿威胁的整个生命周期管理。

NGSOC 通常需要包含以下主要功能。

（1）数据采集。

（2）大数据的处理和存储。

（3）全要素安全数据分析。

（4）利用威胁情报对威胁进行发现和研判。

（5）安全威胁事件调查分析。

（6）可视化的安全态势展示。

3.5.4　态势感知平台

态势感知（Situation Awareness，SA）的概念起源于 20 世纪 80 年代，由美国空军首先提出，涵盖感知（感觉）、理解和预测三个层次。20 世纪 90 年代，态势感知的概念开始逐渐被接受，并随着网络的兴起升级为网络态势感知（Cyberspace Situation Awareness，CSA），具体是指在大规模网络环境中对能够引起网络态势变化的安全要素进行获取、理解、显示及发展趋势的顺延性预测，最终目的是进行决策与行动，即"认知一定时间和空间内网络空间的环境要素，理解其意义，判断当前整体安全状态并预测未来趋势"。

态势感知是一种基于环境的，动态、整体洞悉安全风险的能力，是以安全大数据为基础，从全局视角提升对安全威胁的发现识别、理解分析、响应处置能力的一种方式，最终是为了决策与行动，是网络安全的必要前提。

因此，态势感知平台应该具备网络安全持续监控能力，能够及时发现各种网络威胁与异常；具备威胁调查分析及可视化能力，可以对威胁的影响范围、攻击路径、攻击目的、攻击手段进行快速判别，从而支撑有效的安全决策和响应；应该建立安全预警机制，完善风险控制、应急响应和整体安全防护。

3.5.5 威胁情报

对于威胁情报，Gartner（全球权威咨询公司）给出的定义相对来说是一个偏狭义，但组成要素比较完整的定义，我们对其原文翻译如下：

"威胁情报是某种基于证据的知识，包括上下文、机制、标示、含义和可行的建议，威胁情报描述了已有的或酝酿中的威胁、危害，可用于为资产相关主体对威胁或危害的响应或处理决策提供信息支持。"

上述定义中涉及的应急响应的关键元素是"标示"（Indicator），更具体地，就是 Indicator of Compromise（IOC）。IOC 通常被翻译为入侵指示器、失陷指标、失陷指示器等，我们将其翻译为失陷标示。其作为识别是否已经遭受恶意攻击的重要参照特征数据，通常包括主机活动中出现的文件、进程、注册表键值，系统服务及网络上可观察到的域名、URL、IP 地址等。

威胁情报还可以分为战术情报、作战情报、战略情报，在网络威胁的语境下解释如下。

（1）战术情报：标记与攻击者使用的工具相关的特征值及网络基础设施信息，可以直接用于设备，实现对攻击活动的检测，IOC 是典型的战术情报。使用者主要为 SOC/SIEM（安全信息和事件管理）操作团队、安全运营团队。

（2）作战情报：描述攻击者使用的工具、技术及过程，即所谓的 TTP（Tool、Technique、Procedure），是相对战术情报抽象程度更高的信息，据此可以设计检测与对抗措施。使用者主要为事件应急响应团队、威胁分析狩猎团队。

（3）战略情报：描绘当前特定组织的威胁类型和对手现状，指导安全投资的大方向。使用者主要为 CSO（首席安全官）、CISO（首席信息安全官）。

3.5.6 安全编排自动化与响应

SOAR（Security Orchestration,Automation and Response），即安全编排自动化与响应，是一种利用自动化技术和设备能力进行网络威胁事件分析、分类和处置的高级网络安全运营技术。简单来说，就是将一系列技术能力自动化拆解、组合，根据需求和场景，定制企业的安全建设管理工作。

传统的安全建设管理工作，绝大多数是人机分离、流程固定的。传统的自动化检测与响应系统，往往在设计开发阶段就预先设置好了响应点和处置流程，修改和调整起来非常烦琐，应对与日俱增的安全事件，需要单独开发不同的处置流程，成本高、效率低。

安全编排自动化与响应技术则试图解决上述问题。编排管理者通过 SOAR 平台可以将复杂的安全问题进行模块化编排，然后根据需要，轻松地将系统支持的各类标准化安全模块进行拆解和组合，以适应不同的场景的安全需求。当一个处置流程需要特定角色的人参与时，也可以将人作为一个安全模块编入流程。

如此一来，当我们需要一个新的安全流程或需要对现有安全流程进行修改时，不需要费时费力地重新开发和设计，只需要通过 SOAR 平台重新编排不同的安全模块即可，大大提升了安全建设管理和安全策略调整工作的效率。

一个相对完备的 SOAR 平台一般至少包括三类管理功能：告警管理、案件管理、工单管理。而所有的管理模块，都可以通过安全编排自动化与响应技术进行编排和优化。同时，对于在目标网络上进行的各种操作，也可以通过 SOAR 平台中的各类标准化"剧本"进行自动化编排，最终实现整个威胁响应流程的科学管理与优化。

此外，SOAR 平台一般还需要威胁情报平台的支持，以做到更加有效、及时地进行策略优化与调整。

3.6 其他重要网络安全技术

3.6.1 数据加密

数字加密技术是实现数字认证的关键途径和手段，是最基本的网络安全技术，也是信息安全的核心，最初主要用于保证数据在存储和传输过程中的保密性。它通过变换和置换等方法将被保护信息置换成密文，然后进行信息的存储或传输。即使加密信息在存储或者传输过程中被非授权人员获得，也可以保证这些信息不被其认知，从而达到保护信息的目的。数据加密过程包括密钥的生成、管理、分配、使用，还包括密码算法的采纳与升级改进。数据加密技术离不开密码，从某种程度上来说，密码的发展水平代表了一个国家网络安全技术的发展水平。

根据密钥类型的不同，可以将现代密码算法分为两类：对称加密算法（私钥密码体系）和非对称加密算法（公钥密码体系）。在对称加密算法中，数据加密和解密采用的是同一个密钥，也就是开门和锁门用同一把钥匙。在非对称加密算法中，数据加密和解密使用的是不同的密钥，也就是锁门用一把钥匙，开门却要用另一把钥匙。

而从法律角度看，《密码法》根据应用场景和加密强度的要求，把密码分为三类：核心密码、普通密码和商用密码。核心密码、普通密码用于保护国家秘密，而商用密码用于保护普通公民、法人和其他组织的信息安全。

3.6.2　蜜罐技术

蜜罐（Honeypot）技术通过一个由网络安全专家精心设置的特殊系统来引诱攻击者，并对攻击者进行跟踪和记录。这种网络安全欺骗系统通常称为蜜罐系统，其最重要的功能是对系统中的所有操作进行监视和记录，网络安全专家通过精心的伪装使得攻击者在进入目标系统后仍不知晓自己所有的行为已处于系统的监视之中。

网络安全专家通常在蜜罐系统中故意留下一些安全后门来吸引攻击者上钩，或者放置一些攻击者希望得到的敏感信息，当然这些信息都是虚假信息。这样，当攻击者正为攻入目标系统而沾沾自喜的时候，他在目标系统中的所有行为，包括输入的字符、执行的操作已经被蜜罐系统记录。

有些蜜罐系统甚至可以对攻击者的网上聊天内容进行记录。蜜罐系统管理员通过研究和分析这些记录，可以知道攻击者使用的攻击工具、攻击手段、攻击目的和攻击水平，还可以获得攻击者的活动范围及下一个攻击目标。根据这些信息，管理员可以提前对系统进行保护。蜜罐系统记录下的信息还可以作为起诉攻击者的证据。

3.6.3　日志审计

在安全领域，日志可以用于故障检测和入侵检测，反映安全攻击行为，如登录错误、异常访问等。日志不仅可以在事故发生后查明"发生了什么"，还可以用于审计和跟踪。管理员可以根据网络安全日志进行跟踪和溯源，并进行调查取证，从而实现设备的安全运营。

一个完整的日志审计流程包括四个部分：日志获取、日志筛选、日志整合及日志分析，如图3-2所示。

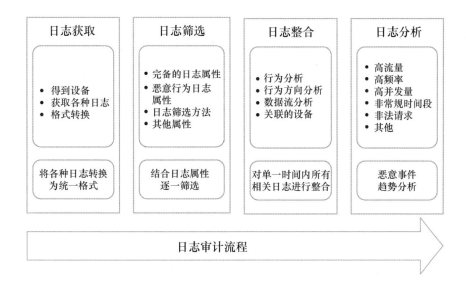

图 3-2　日志审计流程

日志分析是日志审计的核心，主要涉及系统的关联规则和联动机制。日志分析技术能将不同审计发生器上产生的报警进行融合与关联，即对一段时间内多个事件之间及一个事件内部的关系进行识别，找出事件的根源，最终形成审计分析报告，具体流程如图 3-3 所示。

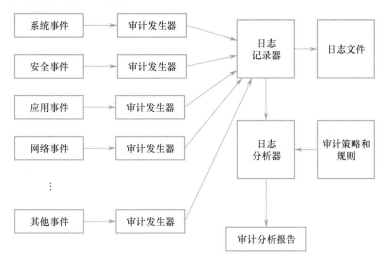

图 3-3　日志分析流程

3.6.4　上网行为管理

上网行为管理系统基于对互联网访问流量中的应用、用户、内容的深度识别，实现对应用访问、网页浏览、文件上传和下载、信息接收和外发等行为的实名制、精细化控制和审计。

该系统的主要功能包括：屏蔽员工对非法网站的访问，控制员工在上班时间玩游戏、炒股、看视频，保障工作效率；对电子邮件和聊天软件等向外发出的信息进行监控审计，避免企业机密信息泄露；通过带宽管理有效阻止、限制严重消耗带宽的应用，保障企业的核心业务带宽满足需求。

3.6.5 灾备技术

1. 灾备的概念

灾备是容灾和备份的简称。容灾是指在相隔较远的两地建立两个或多个功能相同的信息系统，它们互相之间可以进行健康状态监视和功能切换。当一个系统因意外（天灾、人祸）停止工作时，整个应用可以切换到另一个系统中，使得整个系统可以继续正常工作。容灾侧重于数据同步和系统持续可用。容灾工作的重点在于满足信息系统的可用性要求，前提是做好数据安全及备份恢复工作。无论信息系统安全防护体系多么完备，都无法彻底消除风险，系统仍可能遇到极小概率事件，如地震、火灾、高级攻击等。备份是指为信息系统产生的重要数据（或者原有的重要数据信息）制作一份或者多份副本，以增强数据的安全性。备份侧重于数据的复制和保存。

2. 灾备的四种模式

数据中心的灾备模式大体可以分为四种：冷备、暖备、热备和双活/多活。

冷备是中小型数据中心经常使用的灾备模式。冷备使用的站点通常是空站点，一般用于紧急情况，或者仅用于布线、通电后的设备。在数据中心发生故障，无法提供服务时，数据中心会临时找到空闲设备或者租用其他企业的数据中心临时恢复，当自己的数据中心恢复时，再将业务切回。

暖备是在主、备数据中心的基础上实现的，前提是拥有"一主一备"两个数据中心。备用数据中心用于暖备部署，应用业务由主用数据中心响应。当主用数据中心出现故障造成该业务不可用时，需要在规定的 RTO（Recover Time Objective，即灾难发生后，信息系统从停顿到恢复正常的时间要求）内，实现数据中心的整体切换。

相比暖备，热备最重要的特点是实现了整体自动切换。实现热备的数据中心比仅实现暖备的数据中心多部署一个软件，该软件可以自动感知数据中心故障并保证应用业务实现自动切换。当主用数据中心故障造成该业务不可用时，需要在规定的 RTO 内，自动将该业务切换至备用数据中心。

双活/多活可以实现主、备数据中心均对外提供服务。正常工作时两个/多个数据中心应用的业务可根据权重做负载分担，没有主、备之分，分别响应一部分用户，权重可以按地域、数据中心服务能力或对外带宽确定。当其中一个数据中心出现故障时，其他数据中心将承担所有业务。

表 3-1 给出了四种灾备模式的比较。

表 3-1　四种灾备模式的比较

项　　目	冷　备	暖　备	热　备	双活/多活
RTO	恢复时间长,不可预知	恢复时间较短	恢复时间较短	恢复时间短
硬件成本	几乎可以忽略	一般	一般	一般
软件成本	几乎可以忽略	几乎可以忽略	较低	较高
实现复杂度	简单	简单	较简单	复杂
运行稳定性	低	较低	较高	高
自动化	人工	人工	软件自动	软件自动
运营成本	低	低	较高	较高

3. 灾备的三个等级

根据恢复的目标与需要的成本投入，灾备大体可以分为三个等级：数据级灾备、应用级灾备、业务级灾备。从数据级灾备到业务级灾备，业务恢复等级逐步提高，需要的投资费用也相应增长。

数据级灾备强调数据的备份和恢复，是所有灾备工作的基础。在灾备恢复过程中，数据恢复是底层的，只有数据完整、一致后，数据库才能启动，然后启动应用程序，应用服务器接管完成后，才能进行网络的切换。

应用级灾备强调应用的具体功能接管，它提供比数据级灾备更高级别的业务恢复能力。它要求在数据中心发生故障的情况下，灾备中心能够接管应用，从而尽量减少系统停机时间，提高业务连续性。应用级灾备在数据级灾备的基础上，在异地灾备中心又构建了一套支撑系统，该支撑系统包括数据备份系统、备用数据处理系统、网络备用系统等。

业务级灾备是最高级别的灾备，如果说数据级灾备、应用级灾备都在信息系统的范畴之内，那么业务级灾备则在以上两个等级的灾备基础上，还考虑信息系统之外的业务因素，包括备用办公场所、办公人员等。业务级灾备通常对支持业务的信息系统会有更高的要求（RTO 为分钟级）。

4. 云灾备

云灾备将灾备视为一种服务，由用户付费使用，由灾备服务提供商提供产品。采用这种模式，用户可以利用灾备服务提供商的技术资源、丰富的灾备项目经验和成熟的运营管理流程，快速实现"用户在云端"的灾备目的，降低用户的运维成本和工作强度，同时降低灾备系统的 TCO（Total Cost of Ownership，总体拥有成本）。

云灾备是一种全新的模式，在具体的实际应用中，云灾备包括传统的数据存储和定时复制、数据的实时传输、系统迁移、应用切换等，保证灾备端能够应急接管业务应用。

3.6.6 DevSecOps

DevSecOps 是一个人造词汇（Development Security Operations 的缩写），意为开发、安全、运维一体化，是近年来兴起的一种新的安全技术思想。DevSecOps 思想认为，安全不是安全团队自己的责任，而是整个 IT 团队，包括开发、运维及安全团队在内的每个团队的共同责任，安全元素应贯穿从开发到运维的整个业务生命周期的每一个环节。

在传统的应用和业务研发工作中，开发人员通常不太关注运行和维护工作，这就导致了业务系统一旦投入使用，在运行、维护和升级等方面常常出现各种问题。于是，有人提出了 DevOps（开发、运维一体化）思想，主张在应用和业务研发的过程中，所有环节都充分考虑运行、维护和升级工作，使开发过程更适合运行、维护，进而提升开发和运维的整体效率。

随着网络安全工作越来越受重视，人们逐渐意识到，仅仅做到 DevOps 还远远不够。安全保障工作的滞后，会给业务运行带来巨大的风险。因此，我们还需要把安全元素融入开发和运维的各个环节中，并形成闭环，这就是 DevSecOps。

实现 DevSecOps，应从安全编码规范、安全测试要求和安全衡量指标三个维度出发，充分考虑研发流程、安全工具链及所有相关人员的融合。具体来说：

在开发阶段，应确保开发环境、开发工具和源代码编写的安全性；

在测试阶段，应通过单元测试、集成测试和性能测试等方式进行"查缺补漏"；

应用上线后，应开展持续的安全运营；

应用下线后，应进行数据和资源的安全回收。

同时，还要在组织内部全面建立起安全意识与安全保障机制，从小处着手，在应用系统生命周期的各个阶段设置安全检查点，将安全与质量紧密挂钩，以提升整体安全性。

目前，DevSecOps 的相关思想已经融入国内外很多安全标准的设计当中。

第2部分
Part 2/ 安全建设

第 4 章

现代网络安全观与方法论

近年来,网络安全技术得到了飞速发展。网络安全工作者逐渐总结出很多实用、有效的安全思想。本章将主要从网络安全建设的前提假设、网络安全滑动标尺模型、网络安全建设的三同步原则等方面,介绍一些主流的现代网络安全观与方法论。

4.1 网络安全建设的前提假设

4.1.1 四大安全假设

网络安全建设的前提是什么?这个问题的答案将直接决定我们以什么样的方式保护信息系统。假设一座大厦整体是安全的,那么我们只需要在几个固定的入口做好防护就可以了。反之,如果一开始就认为这座大厦是"千疮百孔"的,而我们面对的攻击者又是"无孔不入"的,那么我们需要更多地考虑如何做到动态巡逻,如何及时发现攻击者,以及如何进行快速响应。

传统网络安全思想一般是以"安全假设"为前提的。人们总是假设系统可以被及时打上补丁;而且只要用心,安全防御工作就可以完全做到位。但近些年的安全实践已经基本否定这种认知。人们发现"不安全"的环境并非完全是由于人的疏失造成的,其中有很多客观性、必然性的因素存在,甚至是不可避免的。下面将要介绍的"四大安全假设"就是对这种不安全的现实环境的具体描述。

1. 假设一:系统一定有未知的安全漏洞

即便是微软、苹果、谷歌、Adobe、VMware 这样全球知名、顶尖的 IT/互联网公司,其研发的软硬件系统,每年也都会被报告上百个安全漏洞,所以系统一定有未知的安全漏洞。统计显示,程序员平均每写 1000 行代码,就会出现 1 个缺陷,其中的一部分就会演变成漏洞。

特别地,越大、越复杂的系统,其中潜藏的未知的安全漏洞就越多。如果攻击者先于防御者发现这些漏洞,那么攻击者的攻击就会变得非常难以防御。不过,对于防御者来说,最大的难题并不是要补救的一两个漏洞,而是要面对攻防过程的不对称性：攻击者只要发现一个漏洞就可以攻击成功，而防御者必须堵住所有的漏洞才能进行有效的防御，而要堵住所有的漏洞，对于防御者来说，几乎是不可能实现的。

所以，我们就只能假设：系统一定有未知的安全漏洞。在这样的假设下，网络安全工作者就需要对所有程序、设备和用户的行为进行持续监测，以便尽早发现异常、及时捕获攻击者。

2. 假设二：系统一定有已知但仍未修复的漏洞

说起这一点，没有什么比 WannaCry 更有说服力了。这个肆虐全球的病毒利用方程式组织泄露的漏洞武器及 Windows 系统中的一个漏洞进行传播。虽然微软在病毒爆发前 50 多天，就发布了针对 Windows 7 及以上版本操作系统的安全漏洞补丁，但很多单位都没有及时安装更新，这些单位就很容易成为病毒"重灾区"。

其实，这种情况在我们身边也普遍存在。比如，我们可以打开自己的手机查看一下：操作系统升级到最新版本了吗？每个 App 也都升级到最新版本了吗？如果没有，那么手机中就一定存在已知，但仍未修复的漏洞。

造成已知漏洞不能及时修复的原因有很多，例如，已经停止服务的系统仍在被使用，如 Windows XP、Windows 2003、Windows 7 等；供应商更新不及时（手机系统一般是由供应商自己更新的，但绝大多数手机系统不能与原版系统保持一致）；系统硬件老旧，打上最新补丁可能会导致蓝屏；办公业务系统与新补丁不兼容等。

总之，以今天的眼光看，我们不能简单地认为不打补丁就是因为运营管理者不负责任。这其中有很多客观的因素，而网络安全工作者必须清楚地了解这种情况。只有假设这些风险不可避免，才有可能结合已知漏洞的特点采取相应的措施，及时发现攻击者。

3. 假设三：系统一定已经被渗透

在前面两个假设的前提下，从理论上来说，任何系统在技术上都是一定可以被渗透的。在信息化已经如此发达的今天，如果一个系统被视为从未被渗透过的，那么只有两种可能：一种是被渗透了但自己不知道；另一种就是这个系统实在是"太不重要"了。

"系统一定已经被渗透"的假设还警示我们:攻击者可能先于防御者进入系统；

病毒可能先于杀毒软件进入系统。这也就意味着，一切看似完美的防御手段，都有可能是无效的，至少是部分无效的。这也就再次要求网络安全工作者必须假定，一切程序、设备和用户都有可能是不可靠的，这种不相信一切的安全思想，专业的说法叫做"零信任"。

4. 假设四：内部人员不可靠

供应链、外包商、员工等都可能变成"内部威胁"。以往绝大多数的安全工作都是用来防范"外敌"的，而往往会忽视内部威胁的存在。而近几年来，随着内部威胁引发的重大安全事故的不断发生，人们对内部威胁的关注也与日俱增。

内部威胁一般可以分为"内鬼"和"违规"两种。

内鬼一般是指有明确主观恶意行为的内部员工。内鬼常见的恶意行为包括：盗窃内部数据对外贩卖、离职前恶意删除服务器代码、利用公司网络资源干私活、管理员给自己的系统插后门等。

违规一般是指内部员工违反管理规定或安全规范的行为。这些行为绝大多数都是无意的，即便是有意的，通常也不是主观恶意的，而是没有意识到自己的行为可能会给单位带来网络安全风险。虽然表面上看起来，内鬼的直接危害比较大，但内鬼存在的概率相对较小；而违规则几乎时时刻刻都在发生，其实际危害往往会大于内鬼。

比如，在 WannaCry 病毒事件中，很多机构的系统被病毒入侵，就是因为员工违规在内网中私搭、乱建了 Wi-Fi 热点。再如，员工不小心写错了邮件收件人，不小心把自己的密码告诉了同事，不小心把不安全的 U 盘插入了内网设备等这些不起眼的小事，其实都是违规行为。违规行为，经常会给企业和机构带来巨大的风险和损失。

有一些专门的办法可用于发现内部威胁，比如，用户实体行为分析就是用大数据分析的方法来发现内部威胁的一种典型方法。

4.1.2 两大失效定律

很多企业和机构都会根据自己的实际情况制定相应的网络安全管理措施。但在实践过程中，很多管理措施常常会失灵、失效，甚至形同虚设。下面将介绍的两大失效定律就是对造成这种情况的两个最主要原因的归纳总结。

1. 第一失效定律：一切违背人性的管理措施都一定会失效

当管理措施违背人性时，就不可避免地会有人试图通过技术或人为手段来突破管控的底线，直至"挑战"成功。这里所说的"人性"，并不是指什么大善大恶的人性，而是指每个人的思维方法和行为习惯。在网络安全实践中，如果不能正视人性的强大力量，就不能有效防范安全风险。

以 WannaCry 病毒为例，当时很多重要机构的隔离系统都被该病毒成功穿透，并引发内网的大面积瘫痪。我们在应急救援过程中发现，当时造成内网被穿透的两个最主要的原因就是一机双网（内网计算机被接入互联网）和私建 Wi-Fi 热点。而这些中招的重要机构，绝大多数都有非常严格的安全管理规定。一机双网和私建 Wi-Fi 热点都是被明令禁止的，但还是有很多人违反了这些规定，进而引发了重大的事故。

在进一步的深入调查中，我们发现，之所以总会有人无视管理规定，通过上述各种方法把内网计算机接入互联网，最主要的原因就是"图方便"或者"耐不住寂寞"，这就是人性和人性的弱点。

这种由人性问题带来的安全风险，最可怕之处就是不可控。当管理范围较小时，风险还是可控的；但当接受管理的人数足够多时，比如达到几百人时，就大概率会有人经不住诱惑、经不住考验。而对于内部不设防的隔离系统来说，突破了一点，就等于突破了全部。这也就是第一失效定律所说的"一定会失效"，至于"失效"何时会发生，可能只是一个"时间问题"。

2. 第二失效定律：一切没有技术手段保障的管理措施一定会失效

由第一失效定律可知，人性会不断挑战管理措施。此外，没有足够的技术手段做保障，管理措施也迟早会成为一纸空谈，这也是第二失效定律的意义所在。

事实上，一机双网、私建 Wi-Fi 热点、乱插 U 盘、弱密码、上网行为管理等问题，在业界都已经有了非常成熟的解决方案。只要部署相关措施，就可以在相当大的程度上规避人性问题带来的风险。作为企业和机构的安全管理者，正确和恰当地使用技术手段来保障管理措施的实施是十分必要的。

4.2 网络安全滑动标尺模型

网络安全滑动标尺模型（The Sliding Scale of Cyber Security）是 SANS 公司

研究员 Robert M. Lee 在 2015 年 8 月发表的《网络安全滑动模型》中建立的一个网络安全的分析模型。它是目前国内外公认度比较高的一个分析模型。这个模型把网络安全的行动措施和资源投入进行了分类，可以让企业和机构很方便地辨识自己所处的阶段，以及应该采取的措施。对网络安全工作者来说，它可以帮助我们审视自己产品和服务的布局。

网络安全滑动标尺模型把机构的网络安全建设分为五个主要阶段，如图 4-1 所示，分别为架构安全（Architecture）、被动防御（Passive Defense）、积极防御（Active Defense）、威胁情报（Intelligence）和进攻反制（Offense）。

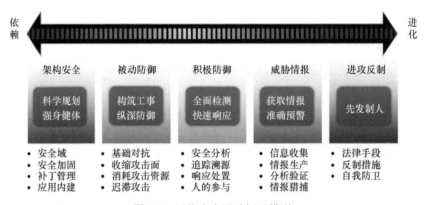

图 4-1　网络安全滑动标尺模型

这五个阶段，实际上也对应了五个逐步进化的能力。对于企业和机构来说，为了让安全建设投资更合理、回报率更高，应该按照滑动标尺模型，从左向右，顺序建设。下面对这五个阶段进行简要说明。

4.2.1　架构安全

在系统规划、建设和维护的过程中我们应该充分考虑安全要素，确保这些安全要素被设计到系统中，从而构建一个安全要素齐全的基础架构。

早期建设的很多信息系统，由于没有考虑架构安全问题，致使系统运行以后，需要不断打各种补丁。但实际上，在绝大多数情况下，如果系统的设计架构就是不安全的，那么打再多的补丁也往往无济于事，"地基不牢，房子肯定盖不高"。

4.2.2　被动防御

被动防御是建立在架构安全基础上的，目的是在假设攻击者存在的前提下保护系统的安全。

被动防御的目标也可以理解为"人不犯我、我不犯人"。当攻击发生时，系统会做出防御响应。但在响应之前，系统不追求提前发现攻击者；在响应之后，系统也不追求抓住攻击者。从某种角度上看，被动防御就是给整个机构的系统装上一套大大的"杀毒软件"。

4.2.3　积极防御

在积极防御阶段，分析人员开始介入，形成人机互动，并对网络内的威胁进行监控、响应、学习和理解（应用知识）。

和被动防御相比，积极防御把攻防过程从"一次对一次"进化成了一个有历史、有现在、有未来的长期过程；把攻击发生时的瞬间防御，变成了日常的检测、分析和学习的过程；并且把对单次攻击的检测，延伸到了对攻击者和攻击者行为的关注。在积极防御阶段，数据和人都是非常关键的。

4.2.4　威胁情报

威胁情报阶段是一个比较高级的阶段，网络安全建设需要收集数据，将数据转换为信息，并将信息生产、加工为评估结果，以填补已知知识的缺口。

和积极防御相比，在威胁情报阶段，我们不但要收集和分析内部数据，而且要使用外部数据，也就是威胁情报。威胁情报一般来自外部机构或第三方机构，通常是由网络安全服务商提供的。威胁情报的产出能力、效率和质量，是现今网络安全服务商技术水平的核心标志之一。需要指出的是，比较网络安全服务商的威胁情报能力，不能只看威胁情报数量的多少，还要看这些情报与机构自身面临的网络威胁的联系是否紧密。

4.2.5　进攻反制

在进攻反制阶段，我们要在友好网络之外对攻击者进行直接的压制或打击。不过，按照国内网络安全的法律法规要求，对于一般的企业和机构来说，进攻反制阶段能做的主要是通过法律手段对攻击者进行反击，采取技术手段进行报复性打击是不可行的。

此外，没有专业安全机构的辅助，一般的企业和机构不太可能完全通过自身的投入来实现进攻反制。

4.3　网络安全建设的三同步原则

信息系统应当与网络安全系统同步规划、同步建设、同步运营，这就是网络安全建设的三同步原则。

同步规划，是指在信息系统的设计规划中，要充分考虑网络安全，确保网络安全成为信息系统的有机组成，强调关口前移与预算保障。

同步建设，是指在信息系统的建设过程中，方方面面都要充分考虑、引入并融合安全能力，既要积极建设网络安全基础设施，又要建设信息系统安全机制。

同步运营，是指在信息系统的运营过程中，将所有与网络安全相关的环节都与网络安全工作充分对接，而不是只包括扫描、检查、渗透等零散工作。

三同步原则早在 20 世纪 90 年代就被提出，并写入了相关的政策法规之中。但在此后相当长的一段时间里，这一原则并没有得到充分的重视和执行。相反，绝大多数的信息系统在规划、建设和运营阶段，都没有认真考虑安全问题，而只重视功能的实现和效率的提高，直到在运营过程中发生了问题或重大的安全事故后，才联络安全机构协助解决。于是，安全机构就成了不断给信息系统打补丁的"救火队"。

但事实上，如果一个信息系统的规划设计本身就是不安全的，那么一旦系统运行起来，就会有打不完的补丁，修不完的漏洞。这就像一辆正在高速行驶的汽车，我们是没有办法给它换胎、补胎的。再如，我们在设计一栋大楼时，如果图纸上没有设计消防系统，那么大楼一旦盖成，摆上再多的灭火器，也不可能从根本解决消防安全问题。

三同步原则的缺失，正是近年来国内外很多大型企业和机构重大网络安全事故频发的根本原因之一。随着信息化建设的不断深入，三同步原则的重要性也在日益凸显。

4.4　网络安全的新思想

4.4.1　数据驱动安全

"用大数据做安全"是 2015 年前后在国内外开始流行的网络安全新思想。其主要观点是：绝对有效的防御是不存在的，因此应当将威胁的快速发现与快速响应作为安全工作的重心。要实现这一目标，最有效的方法就是在网络空间的各个角落都部署足够多的"安全探头"，通过对安全探头的监测数据进行融合分析，能够在第一时间发现新的网络威胁，并据此做出有效的响应。这种新思想后来被概括为"数据驱动安全"。流量分析、态势感知、威胁情报、内部威胁发现等新兴网络安全技术，都是在这个新思想的指引下产生的。

数据驱动安全思想解决了很多长期困扰网络安全工作者的重大难题，其中比较重要的两个就是未知威胁的发现与网络攻击的溯源。

1. 未知威胁的发现

传统的威胁发现方式主要是基于规则的安全检测方式，即首先根据各种已知威胁的特征，为安全产品制定一系列的安全检测规则，形成规则库。当网络攻击触发相关规则时，安全产品就会发出警告。安全检测的能力，主要取决于规则库的更新速度。

但是，网络攻击技术、攻击手法的持续进化使得未知威胁、高级威胁越来越多，越来越普遍，基于规则的检测方式对此往往束手无策。即便有人工智能的帮助，效果仍然十分有限。在相当长的一段时间里，网络安全工作者普遍认为未知威胁是无法检测的。

但是，数据驱动安全思想带来了全新的"解题方法"：异常不一定是风险，但风险一定会引发异常。因此，只要我们有能力在必要的位置收集到数量足够多、类型足够全的安全数据，就完全有可能从中找到异常数据，进而发现新的、未知的威胁。这就像住酒店的客人，绝大多数都是乘电梯上楼，然后进入某房间的；但突然有一个人只爬楼梯，不乘电梯，并且连续进入多个房间，那么这个人就是一个"异常"。虽然我们事先不知道他是谁，也不知道他要干什么，但是他的异常行为值得警惕。

2. 网络攻击的溯源

在传统的安全防御体系中，不同的安全产品负责进行不同的安全检测。当网络攻击发生时，它可能会引发网络不同位置的不同警告和一些无警告的行为记录，而这些警告和记录往往是孤立的、分散的，需要分析人员凭借经验手动地将其连起来，形成完整的攻击路径。至于攻击者在系统之外做了什么，分析人员就无从知晓了。所以，"攻击溯源"在以往是一件极其困难的事。

这种情况与"盲人摸象"十分相似。每一位盲人都只能摸到大象的一部分，但很难猜出大象完整的样子。

有了大数据这个工具，情况就完全不一样了。我们完全有可能通过不同维度、不同类型数据之间的关联分析，复原出攻击者的整个攻击过程。同时，还可以根据互联网大数据，找到攻击者在其他地方留下的攻击痕迹。我们甚至可以翻阅历史数据，找到攻击者的网络资产和行为特征，最终一步步地实现对攻击者的精准定位、溯源分析和背景研判。

事实上，正是通过类似的方法，国内的网络安全工作者在 2015 年首次发现了境外 APT 组织"海莲花"。2015 年以后，国内安全机构针对 APT 组织的研究成果层出不穷，并逐渐达到世界先进水平，这也得益于数据驱动安全思想的快速普及。

使用大数据的方法分析安全问题，关键因素并不是数据量的多少，而是数据维度的丰富程度。数据越丰富，越有利于我们从中找出网络威胁的蛛丝马迹。

要实现基于大数据的安全分析，需要四个核心能力的支撑：数据采集与汇聚、数据治理与运营、数据分析与挖掘、数据应用与呈现，四者缺一不可。

4.4.2　人是安全的尺度

人，是网络安全工作中最为关键的要素。这个看似简单的思想，其实也是最近两三年才被逐渐重视的。以往人们对技术的重视程度远远高过对人的重视程度，但随着安全实践的不断深入，人的重要性越来越明显。

第一，网络攻防的本质不是程序与程序的对抗，而是人与人的对抗。攻击者是人，被攻击的目标是人操作的系统或设备。我们对威胁进行分析的终极目的并不是"杀死"几个病毒或者拦截几次攻击，而是发现攻击者的行为特征，甚至找到攻击者本人（或组织），并据此部署更加有效的安全策略。

第二，人是安全运营的核心与关键。一个企业，如果没有安全人员的有效运营，那么即便采购了再多的安全设备，也不过买回了一堆"废铜烂铁"。实践证明，绝大多数安全事故的发生，都不是因为安全设备不足，而是因为没有专业的安全运营团队。

第三，技术的进步对安全人员提出更高要求。曾经有一个时期，专业安全人员期望通过大数据、人工智能和自动化分析技术，把"人"从复杂的网络安全工作中解放出来。但实践证明，所有的技术进步，不但没有削弱人的重要性，反而凸显了人的核心地位，同时也对人的专业能力有了越来越高的要求。

第四，人是网络安全工作中最薄弱的环节，是最容易被攻破的"漏洞"。如果人的安全意识、安全技能不到位，那么无论我们部署什么样的先进技术或管理措施，都可能是徒劳的，安全事故的发生都难以避免。

第五，安全架构的设计应当充分考虑人的因素。也就是说，当我们在一开始为一个信息系统设计安全架构时，就应当充分考虑到它的使用者是人，而人是有可能有意、无意地犯错误的；我们应当在系统中加入必要的安全机制，以尽可能减少人的因素可能带来的安全风险。

第六，人也可以成为网络安全工作中的积极因素。这就要求我们在机构内部不断创造积极的安全文化，使安全知识更容易获得，通过新型技术平台（如零信任等）实现友好的安全管理，最终促使每一位员工都能积极地参与到网络安全工作中来。

4.4.3　内生安全

内生安全，简单来说就是提升信息系统内在的免疫力，使信息系统自身具有一定的安全能力，而不完全依赖于外部的隔离或防护。

与内生安全相对的概念自然就是外生安全。绝大多数的传统安全防护方法都是"外生的"。具体来说，当你想要保护一个系统时，就会在这个系统的外面加上一层防护罩，把这个系统与外界的环境隔离开。小到一款杀毒软件，大到整个机构的边界防御，其实质都是在隔离的基础上进行防护。早期的围墙式安全，后来的外挂式安全，都是外生安全的不同表现形式。

内生安全是信息系统不断升级发展的必然要求。早期的信息化建设主要集中在办公领域，但随着"互联网+"时代的到来，越来越多的生产系统、业务系统开始实现信息化或数字化，这就使得信息系统逐渐发展成生产系统和业务系统的必要组成部分，即生产要素。一旦信息系统出现安全问题，生产过程就有可能受到影响，甚至可能会停滞或无法运行。这就是为什么我们说在信息化时代网络安全不再是可有可无的东西，而是生产过程中至关重要的一环。

但是，前文所述的"四大安全假设"告诉我们，无论多么坚固的防御，都一定会被攻破。这也就意味着，如果我们单纯采用隔离式的防御，由网络威胁所引发的安全生产事故将不可避免。事实上，医院的挂号系统、高速公路上的 ETC 收费系统、智能制造工厂里的工控系统、电子政务网站上的业务系统等，都曾因为网络攻击而遭到破坏。安全事故的发生使我们必须寻求新的出路。

不妨将网络安全与人体健康做个类比。人体健康的根本支柱并不是打针、吃药、戴口罩，而是人体本身所具有的强大免疫力。我们每天都会接触无数的细菌和病毒，但仍然能够健康生活，这是因为我们的免疫系统在发挥作用。即使我们真的生了病，打针吃药也只是辅助手段，真正帮助我们战胜疾病的决定性力量，还是免疫系统。

相比于人体强大的免疫力，绝大多数的信息系统的免疫力几乎为零。这也就解释了为什么在人类世界隔离是极端状态，而在网络空间隔离是普遍常态。我们不得不把信息系统层层隔离的根本原因，就在于系统本身缺乏免疫力。

内生安全思想正是在这样的时代背景下产生的，它是传统的纵深防御思想的新实践。内生安全思想关注的核心问题，并不是信息安全，而是业务安全。实现内生安全思想建设，需要做到系统聚合、业务数据与安全数据聚合，以及人的聚合。

1. 系统聚合形成自适应的安全能力

系统聚合，是指将信息系统与网络安全系统深度聚合，在信息化发展的各个领域、各个层面注入安全基因，融入多样化的安全防护机制，使网络安全能力覆盖信息化环境的方方面面。

系统聚合可以实现信息系统自适应的安全能力，即便网络威胁穿透了边界防御，信息系统也能进行自适应的调整，以最大限度地保障生产和业务。

2. 业务数据与安全数据聚合形成自主的安全能力

业务数据与安全数据聚合，是指将生产系统的业务数据与机构内部的安全数据深度结合，从而使机构能够自主发现和处置运维过程中出现的安全问题。

安全数据是实现威胁感知、有效运营、协同指挥、快速响应的关键保障。同时，信息化数据对于全面感知安全态势，进而对风险进行重点调整具有至关重要的作用。只有业务数据与安全数据在实践中互为驱动，才能让运营变得有活力。

3. 人的聚合形成自成长的安全能力

系统聚合、业务数据与安全数据聚合，归根结底还是要靠人的聚合。首先，我们要保证建设、运营、防护、响应的职责融合；其次，IT 技能与安全技能要实现融合，懂安全的 IT 人才，懂 IT 的安全人才，都是当下网络安全人才市场最为迫切的需求。只有实现了信息化运营负责人与网络安全负责人的聚合，才能够使一个机构的安全能力随着信息化建设的发展而不断升级。

最后还需要强调一点，实现内生安全的保障机制是"三同步原则"，即信息系统与网络安全系统必须同步规划、同步建设、同步运营。只有把网络安全工作贯穿到信息系统的规划、建设、运营的整个生命周期中，才能够真正实现具有免疫力的内生安全系统。

4.4.4　零信任

零信任架构下的安全体系目前已经成为全球网络安全研究和实践最热门的领域之一。在传统的网络安全体系中，"信任"是一种重要的安全假设，我们会放行那些"可信"的网络流量，而拦截或禁止那些"不可信"的网络流量。比如，如果我们认定某台设备、某个应用、某个账户、某个 IP 地址，或者其他可以用于身份标识的信息是可信的，那么由这个身份标识产生的所有操作和数据，我们也会认定它们是可信的，并且这种信任会延续相当长的一段时间。事实上，在过去多年的网络安全实践中，基本都默认了内网的人、设备、系统、IP 地址等都是"可信"的。

但是，现代网络安全实践告诉我们，其实并没有什么"身份"是真正、完全、永远可信的。一台设备可能是被操控的，一个应用可能是被篡改的，一个账户可能是被盗取的，一个 IP 地址可能是被仿冒的。数据有可能在传输过程中被篡改，系统有可能被自己的管理员破坏，开源代码有可能一开始就被植入了后门，一个内网或专网中的设备有可能早就被黑客操控了。

当上述安全风险成为网络安全运营的常态时，基于信任的安全体系就表现出了明显的局限性。甚至可以说，信任是安全体系最大的漏洞。而零信任思想则认为，网络中的一切都不是绝对可信的，更不是永远可信的。由任何的设备、应用、账户或 IP 地址所产生的操作和数据，都应该进行强制访问控制和持续检测，一旦系统发现某些操作存在风险或异常，就应立即降低，甚至关闭某些"身份"的相关权限，以此保证系统的安全运行。零信任架构在本质上就是一种基于身份的动态访问控制体系。

在零信任架构下建设数据安全体系，需要自下而上地建设一整套安全访问控制机制，层层认证、处处授权、时时评估，以确保数据在采集、存储、使用、传输和销毁的每一个环节都是经过验证的、可信的，每一个参与数据处理的单元也都是经过验证的、可信的。

4.5 三位一体的安全能力

安全机构为用户提供的安全能力支撑，不应当只是各类安全产品与服务的堆砌，而应当是一个有层次、有结构、协同联动的安全体系。根据安全业务所处位置及其距离用户的远近，我们通常可以将安全机构的安全能力分为高位能力、中位能力和低位能力。距离用户系统最近的是低位，距离用户系统最远的是高位。

4.5.1 高位能力

高位能力是指云端的安全能力，其依托海量数据生成"高价值"的威胁情报，为中位的决策指挥提供来自用户机构之外的大数据安全信息支撑。

高位能力，也可以称为"安全上云"能力，其涉及的模块主要包括大数据中心、云安全中心、威胁情报中心和漏洞响应平台等。传统的安全防御模型往往缺失高位能力，因此，各类安全产品大多在单兵作战，"视野"有限，无法形成合力。

4.5.2 中位能力

中位能力是高位能力与低位能力相连接的"枢纽"。中位如同联合指挥部，从低位获取数据，从高位获取情报，进行融合分析，形成协同组织方案，并最终通过对低位的各类安全产品统一实施安全策略，不断提升安全防护水平。

中位能力主要包括安全治理、态势感知、安全运营和应急响应等。需要特别说明的是，在高、中、低位能力中，中位能力对人的要求最高。专业安全人员的参与是协调高位能力和低位能力的关键因素。

4.5.3 低位能力

低位能力是指基础的安全能力，如终端安全、边界安全、内容安全、工控安全、移动安全、云安全、网站安全、无线安全等。低位既是安全能力落地的"关键节点"，也是数据采集的"传感器"。

传统的安全产品一般只承担防御和检测的责任，但在数据驱动安全思想下，每一类安全产品，都应当同时承担安全责任和监控责任，它们都是某一类专业安全数据的产生者，应源源不断地向中位和高位传递数据，为安全决策提供支撑。

图 4-2 给出了高位能力、中位能力、低位能力的架构示意图。其中数据是自下而上传递的，而情报则是自上而下传递的。在实际应用中，高位能力、中位能力、低位能力缺一不可。

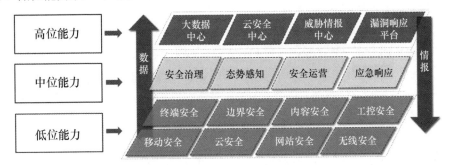

图 4-2　高位能力、中位能力、低位能力架构

第 5 章
网络安全体系的规划、建设与运营

网络安全体系规划是企业为达到保障业务正常运营、防御网络威胁、快速发现网络安全事件、控制业务运营风险、减少业务损失等目的制定的指导网络安全治理、管理、技术、运营、监督等措施有效达成的企业级工作规划。随着数字化转型的深入推进，企业业务运营将与信息化技术深度融合，企业网络安全风险将进一步等同于业务运营风险。企业的网络安全能力不仅需要符合监管要求，还需要面向实战，保障数字化业务有序运营。因此，要采用网络安全新思想构建新一代的网络安全体系。

5.1 网络安全体系的规划

5.1.1 认识网络安全体系规划

1. 指导企业网络安全体系建设的纲领

网络安全体系规划是企业级 IT 战略规划在网络安全领域的继承和深化。网络安全体系规划工作要以支撑企业 IT 战略目标为出发点，制定在规划期内的网络安全目标及达成目标的举措；要基于企业网络安全能力现状，结合监管要求、业务运营安全保障的需求，有秩序地制定互相依赖的安全管理与技术措施，明确为达成目标所需的资金、人员及企业政策，从而确保规划期内的各项举措能够有效达成。网络安全体系规划是企业 IT 治理的重要内容之一，为企业安全管理机制建设、安全工程建设提供依据，是指导企业网络安全体系建设的纲领。

2. 指导企业网络安全体系建设的全景作战地图

网络安全体系规划能全面展示企业安全现状、安全能力与目标能力的差距及阶段性关键举措与演进路线，起到展示全景、指导作战的作用；能全面规划出保障业务所需要的安全能力集合，并将这些能力分布到规划期内的一个个工程中，最终整合成一个完整的、协同的、安全能力全面覆盖至信息化环境的网络安全体系；能有效改变因为看不清全貌而导致的盲目"局部整改"模式，避免安全能力碎片化、重复或者缺失，有效解决了资源投入不够集中，系统之间相互割裂的问题。

3. 达成企业网络安全阶段性目标的行动指南

通过网络安全体系规划，企业能够明确各项举措的落实路线和发展方向，以规划的任务为指引开展各项建设任务，能确保工程或机制与规划的路径和关键点不偏离。网络安全体系规划分析并确定了各项任务和工程的优先级和依赖关系，并按照年度计划将其落实到信息管理部门的工作中。信息管理部门应以规划为依据，严格执行项目的立项、审批等管控机制，指导未来网络安全工作的开展。

5.1.2 网络安全体系规划的目的

数字化转型把信息技术与企业业务运行、管理流程融合在一起，形成了新的业务运行模式，显著提升了业务运行的效率和效益，但也使网络安全问题更具有破坏性。数字化转型对业务运行模式的转变是颠覆性的、不可逆转的，传统的网络安全体系建设模式也将无法支撑目前经济环境下的业务运行要求，因此企业须立足于数字化运行的高要求模式，通过网络安全体系规划指引安全体系设计、建设，为业务运行保驾护航。

1. 承接国家网络安全战略在企业的有效落地

随着数字化转型的深入推进，企业须全面落实国家网络安全战略部署。将"必须统一谋划、统一部署、统一推进、统一实施"（四个统一）作为其信息化和网络安全体系建设的战略目标，坚持安全与信息化同步发展，落实"四个统一"，并以"统一谋划"作为落实"四个统一"的关键起点，开展企业级网络安全体系规划。

2. 引导网络安全体系建设，以应对数字化时期的新威胁

数字化使信息技术与企业业务进一步融合，数字化业务使现实世界与网络空间的边界逐渐消失。网络安全具有了实质性的意义，网络安全问题会直接投射到现实世界中。此外，新技术的应用也使数字化业务出现了大量的新风险。企业应构建"关口前移、防患于未然"的网络安全体系。在广度上，安全能力应全面覆

盖企业信息化的各个方面；在深度上，安全能力应与企业信息化相互融合，使安全成为信息系统的一种内在属性。安全能力与信息化应同步规划建设，使信息系统具备天然"免疫力"。通过网络安全体系规划，可明确未来一个发展阶段的风险应对措施，有力保障企业数字化业务运营有序开展。

3. 促进安全要求与计划在各层级快速达成共识

非网络安全岗位的人员缺乏网络安全专业知识，所以在网络安全和信息化融合过程中，由于安全认知不同会导致"管业务必须管安全"难以真正落实，安全防护措施难以深入到信息系统内部，造成安全有效性不足。企业通过网络安全体系规划，重构网络安全架构，有利于企业的各层级、各业务部门对网络安全达成一致认知，形成安全意识上的广泛共识，有利于企业网络安全战略的落地执行。

4. 确保网络安全体系建设资源得到保障

企业网络安全体系建设一直以来都面临着安全预算偏低、安全岗位编制不足等问题，原因如下：第一，网络安全体系建设缺乏全景作战图，大量隐性工作未被识别出来，在以往的规划中没有列出所需的资源要求；第二，网络安全人员不足，只能在有限的人力资源下选择性地开展工作，安全部门长期处于"救火"状态。所以，需要通过网络安全体系规划明确网络安全建设任务与必需的资金和人力资源，使网络安全工程和任务得以顺利开展，并得到充分的推动力。

5. 明确网络安全体系建设的演进路线

业务人员和安全人员的工作重心、技能不同，对同一安全问题有不同角度的理解，这使得网络安全管控的职责中有大量的模糊地带。企业通过网络安全体系规划，为各层级、各专业人员建立共同的安全工作全景，可使安全人员能正确地理解业务需求，使业务人员能了解未来信息系统安全实施的全貌，明确安全和业务之间的工作边界和协同关系，勾勒出安全作战演进路线，指引安全工作落地。

5.1.3 网络安全体系规划的阶段

企业网络安全体系规划的时间跨度较长、覆盖范围较广、参与人员较多，为了使规划过程更加可控、高效，通常会设置关键里程碑，进行阶段性输出成果的评审。根据里程碑将规划全周期分为 7 个重要阶段，包括规划准备阶段、规划启动阶段、规划调研阶段、差距分析阶段、规划设计阶段、规划交付阶段、规划执行与优化阶段。各阶段的关键任务与关键内容如下。

1. 规划准备阶段

规划准备阶段对规划的顺利开展非常重要，充分的准备有利于规划工作有条不紊的推进，为规划项目的成功打好基础。在规划准备阶段，应充分思考本次规划的背景、目的、范围、相关人员、要解决的关键问题及预期效果。

（1）关键任务

■ 准备规划框架，框架范围通常要覆盖企业网络安全治理、管理、技术、运营、监督等方面。在规划正式开始之前，应预先针对这些领域设计企业网络安全框架，依据框架开展后续工作。

■ 对规划需求进行调研，形成《规划需求说明书》，并在规划全周期内持续更新该文件。

（2）关键内容

■ 《网络安全框架》

■ 《规划需求说明书》

■ 《规划项目启动通知》

2. 规划启动阶段

（1）关键任务

■ 以规划准备阶段形成的《规划需求说明书》《网络安全框架》等为基础，筹备规划项目启动会。

■ 召开规划项目启动会，明确项目需求、团队构成、责任分工、工作方法、时间计划、预期成果、各部门协同工作的内容及要求、管理制度、汇报制度、阶段性评审制度、变更制度等，对项目中的关键问题达成共识，形成《规划项目启动会会议纪要》，并作为后续工作的重要输入。

（2）关键内容

■ 《规划需求说明书》（更新）

■ 《规划项目启动会会议纪要》

3. 规划调研阶段

（1）关键任务

- 确定网络安全体系建设的阶段性目标。要以企业战略目标、IT 目标为出发点，形成完整的目标体系。在宏观层面，该目标要与企业 IT 战略形成相互依存关系。然后将宏观目标向下分解，形成不同业务板块的安全目标。目标的设计要依据 SMART（Specific、Measurable、Attainable、Relevant、Time-bound）原则，确保在规划期内被有效地完成，且具有一定的前瞻性。
- 开展外部调研，了解同行业企业、同规模企业当前的安全规划与建设情况，基于企业自身情况在各个领域进行差距分析。
- 开展内部调研，全面摸底企业业务、IT 现状、安全能力现状、存在的不足及曾经发生过的安全事件，从合规、威胁防护、风险管理等角度进行需求分析，将其纳入安全规划需求范围。
- 对安全领域的新技术、新理念进行调研，将其纳入安全规划需求范围。
- 对网络安全相关的国家战略、法律、行业监管要求进行梳理和分析，将其纳入安全规划需求范围。

（2）关键内容

- 《网络安全体系目标》
- 《规划需求说明书》（更新）
- 《IT 现状及安全能力现状分析报告》
- 《差距分析报告》

4. 差距分析阶段

（1）关键任务

前置条件：具有《安全能力框架》《威胁分析框架》等文件。

- 参照《安全能力框架》《威胁分析框架》等文件，采用威胁分析方法对企业业务和 IT 现状进行分析，识别出企业自身的安全能力框架，形成《企业安全能力组件框架》；将企业的安全能力现状与目标能力进行比较，识别出存在的能力差距，更新《差距分析报告》。
- 基于能力缺失情况进行风险分析，对影响范围、影响程度、后果严重性、可能性等方面进行综合评估，形成《风险评估报告》。

- 对《企业安全能力组件框架》《差距分析报告》《风险评估报告》进行评审，确保达成共识。

（2）关键内容

- 《企业安全能力组件框架》
- 《安全能力框架评审会会议纪要》
- 《差距分析报告》（更新）
- 《风险评估报告》
- 《规划需求说明书》（更新）

5. 规划设计阶段

（1）关键任务

- 根据企业 IT 现状、安全能力现状、安全需求设计企业安全体系，设计总体架构、管理架构、技术架构、运行架构、监督架构等。
- 确定规划期内的举措，并细化举措内容，明确各项工程和任务的关键点。
- 编写《规划设计报告》，包括企业网络安全治理、管理、技术、运营、监督等方面的内容。
- 编写《演进路线报告》，根据风险分析结果，结合业务发展对安全需求的紧迫性程度，对工程和任务进行优先级和依赖性分析，形成演进路线。
- 广泛征求意见。
- 评审《规划设计报告》《演进路线报告》并通过。

（2）关键内容

- 《规划设计报告》
- 《演进路线报告》
- 《征求意见回复》
- 《规划报告与演进路线评审会会议纪要》
- 《规划需求说明书》（更新）

6. 规划交付阶段

（1）关键任务

- 准备向高层汇报的汇报材料。
- 准备宣传推广、培训材料。

- 评审相关材料并通过。

- 发布。

（2）关键内容

- 《评审会会议纪要》

- 《宣传推广材料》

7. 规划执行与优化阶段

在规划期内对规划的执行情况进行持续跟踪，及时发现执行中出现的问题并进行分析总结。对需要改进的方面，应按需纳入安全规划需求范围，再次执行。

（1）关键任务

- 规划执行情况跟踪。

- 需求分析总结并持续更新。

- 将规划任务落实过程中出现的新需求纳入新的安全规划需求范围。

（2）关键内容

- 《规划需求说明书》（更新）

- 《规划设计报告》（更新）

- 《演进路线报告》（更新）

5.1.4 网络安全体系规划的注意事项

1. 要以解决安全问题为导向

网络安全体系规划要支撑企业业务战略和 IT 战略，应直面问题、务求实效，避免落入概念引导、辞藻华丽的模式，要以发现和解决企业面临的问题为导向，还应该以动态发展的思想分析新业态、新技术可能引发的网络安全问题，通过全面的调研，摸清企业网络安全在策略、执行、体系、监督、机构、资源保障等多方面的现状与问题，并以此作为后续体系设计与解决方案制定的依据。后续所有的工程与任务设计，都要围绕解决问题来开展。

2. 借鉴安全能力框架开展规划，实现内生安全

网络安全体系规划要将以被动威胁应对和标准合规为主的"局部整改"模式，演进为基于安全能力框架引导的体系化规划模式。网络安全体系规划应该同信息化规划同步开展，并将内生安全思想融入信息系统的生命周期。应将安全能力全

面覆盖至信息化环境的各个方面，融入信息系统的各个层次，避免因为规划不同步而导致安全能力无法深度集成的问题。

3. 应具有前瞻性，引导安全建设方向

"发展"和"变化"是网络安全的主要特征。网络安全体系的规划和建设需要结合内外部法律法规、新兴技术、新型攻击和安全新模式等因素，得到与之相适应的安全体系。网络安全体系规划是正确的技术路线的导向，规划的重点应该放在对关键任务技术路线的论证上，确保重点、关键点都能得到有效覆盖，确保安全目标的达成，安全体系的有效落地，避免在规划中过分关注技术细节。

4. 避免采用概念引导、产品堆叠的方式

应避免采用概念引导、产品堆叠的方式进行网络安全体系规划。产品堆叠会导致各类安全设备和系统防护策略不统一，各自为战；缺少全局管控的视野和手段；安全防护要素不能贯穿全过程，防护失衡。规划应根据调研分析得到的结果，确定所需的安全能力及各项能力之间的逻辑关系，进而设计如何将各项能力与实际的信息化环境相结合，确保这些能力在后续的建设过程中能够被集成进去，真正有效。

5. 应由多方人员参与，合作完成

网络安全体系规划是一个系统性工程，是对信息化的重要保障，是保障业务连续性的基础。其源头是业务，过程是信息，业务人员负责业务需求梳理、高层领导访谈；信息化人员负责 IT 战略规划、项目规划；安全人员负责网络安全战略规划、任务规划。三方应做到各负其责、深入沟通，以达成共识。要避免信息化人员和安全人员走马观花式的调研，避免他们越俎代庖，臆想安全需求，导致安全能力无法在建设中切实落地。

6. 落实网络安全体系规划的落地保障机制

网络安全体系规划应具体化、可执行、任务清晰，信息部门"一把手"负责制是关键中的关键。在企业和机构的信息化策略中应明确规划项目的保障资金、人才和管控制度；在规划编制方面，应保证总部与成员单位规划的一致性；在制度方面，应从技术与管理两个方面对成员单位的网络安全情况进行考核；在能力方面，安全部门所提供的服务能力与企业战略定位所需的服务能力应相匹配，应加大人员与资金的投入，提高网络安全队伍的能力，确保规划的落实。

5.2 网络安全体系的建设

5.2.1 网络安全体系的建设思想

1. 制定明确、清晰的网络安全战略目标

企业应制定明确、清晰的网络安全战略目标，实现网络安全和信息化"一体之两翼、驱动之双轮"的总要求。树立符合数字化时代要求的网络安全观念，要充分认识到没有网络安全就没有国家安全，没有信息化就没有现代化。要以"统一谋划"作为网络安全体系建设的起点，在做好"关口前移"的基础上，进一步加强网络安全防护工作，保障数字化业务的有序运行。

2. 建立以系统工程思想规划、设计、建设网络安全体系的新模式

企业应改变"局部整改"的网络安全体系建设模式，应以系统工程思想规划、设计、建设网络安全体系。除了保护 IT 资产，还需关注人员、系统、数据及运行支撑体系之间的交互关系，进行整体防护。应面向叠加演进的基础结构安全、网络纵深防御、积极防御和威胁情报等能力，识别、设计构成网络安全防御体系的基础设施、平台、系统和工具集，并围绕可持续的实战化安全运营体系，以数据驱动方式对它们进行集成整合，使安全能力全面覆盖云、终端、服务器、通信链路、网络设备、安全设备、工控设备、人员等 IT 要素，避免局部盲区导致的防御体系失效；还应将安全能力深度融入物理、网络、系统、应用、数据与用户等层面，确保安全能力在各层面有效集成，构建出动态、综合的网络安全防御体系。

3. 融入先进的安全理念

企业应将内生安全思想融入信息系统规划、设计和建设的全周期，建立数字化环境的"免疫力"。避免信息系统因在建设初期未考虑安全能力，而在建设和投运后无法将安全能力有效集成的问题。企业应采用"零信任"架构规划、设计和建设信息系统，并以纵深防御和"面向失效"的设计作为基本原则，在做好网络边界及网络端防护的基础上，进一步围绕人员和资源做好安全防护。应坚持用"三同步原则"使网络安全和信息化"全面覆盖、深度融合"，并通过网络安全与信息化的技术聚合、数据聚合、人才聚合，为信息化环境各层面及

运维、开发等领域注入"安全基因",从而实现全方位的网络安全防御能力体系，保障数字化业务安全。

5.2.2 网络安全体系的建设方法

1. 打破"紧平衡"的安全建设模式

随着网络攻击向"有组织攻击"发展，企业应以可量化的方式识别安全能力的上限和底线，打破"紧平衡"的安全建设模式，规划、设计和建设网络安全体系。在进行规划与设计时，要充分考虑随时可能发生的网络威胁升级情况，须本着"宁可备而不用、备而少用，不可用而不备"的原则，在建设中预置可扩展的能力，在运营中预留出必要的应急资源，确保在面对网络空间重大、不确定性风险时，数字化运营不会受到重大影响。

2. 建立实战化的安全运营体系

企业应建立实战化的安全运营体系，加强"人防"与"技防"融合，根据 IT 运维与开发的特点，将安全人员技能、经验与先进的安全技术相适配，通过持续的安全运营输出安全价值，确保安全阵型齐整。应将安全运营工作中大量的隐性活动显性化、标准化、条令化，将安全政策要求全面落实到具体责任岗位的工作事项之中。

3. 建立建制化的闭环协作机制

企业应通过安全运营流程打通团队协作机制，以威胁情报为主线支撑安全运营，提升响应速度和预防水平；应健全安全组织，明确岗位职责，建立人员能力素质模型和培训体系，做到安全组织常设化、建制化，确保安全运营的可持续性；应建立层级化的日常工作、协同响应、应急处置机制，做到对任务事项、事件告警、情报预警、威胁线索等方面的闭环管理，面对突发威胁能快速触发响应措施，迅速、弹性地恢复业务运转。

5.3 网络安全体系的运营

5.3.1 常态化的网络安全体系运营

没有一流的网络安全工作队伍，再好的规划都无法有效落实。没有一流的安全运营体系，再好的安全工具也解决不了全部问题。在"护网行动"中，各单位集中力量，突击建设、调动一切内外部资源迎战，但这显然不是一种常态机制。网络空间中的安全对抗时时刻刻都在发生，本质上，对抗是常态化的。面对常态化的对抗，各单位现有的人力、物力、能力均不足。常态化的对抗必须匹配完善的安全运营体系，而安全运营体系在国内还缺少相应的"最佳实践"。

在互联网行业以外的传统行业中，金融行业在安全运营方面相对起步较早。但整体上，绝大多数企业依然在"运维"中徘徊，一部分处在从"运维"向"运营"的过渡过程中，其实这与各企业的"安全成熟度"密切相关。与生活水平评价类似，安全运营可以分为"贫穷、小康、富裕"三个阶段，"贫穷"不是指没有安全方面的预算，而是一个综合的考量，包括建设投入、人员数量与技能、人员对安全的认知等。企业在发展的各个阶段都可以匹配不同的安全运营形式与内容，这其中最重要的因素还是人。缺乏足够的安全人员来运营，会使安全部门难以与IT、业务、管理和监管等部门进行有机的联动，无法发挥安全工具的价值。这些因素决定了目前国内企业的安全运营仍处于起步阶段，国内的安全运营市场也仍处于起步阶段。

1. 认识安全运营

安全运营到底是什么？有没有明确的定义和工作范围？在这里我们不妨先看下 IT 行业中大家都比较清晰的概念——"运维"。运维，简而言之就是保障信息系统的正常运转，使其可以按照设计需求正常使用，通过技术保障产品提供更高质量的服务。

而"运营"要能持续地输出价值，通过已有的安全系统、工具来生产有价值的安全信息，用于解决安全风险，从而实现安全的最终目标。由于安全的本质依然是人与人的联系和对抗，因此为了实现安全目标，企业通过人、工具（平台、设备）发现问题、验证问题、分析问题、响应处置、解决问题并持续迭代优化的过程，称为安全运营。

人、数据、工具、流程共同构成了安全运营的基本元素，以威胁发现为基础，以分析处置为核心，以发现隐患为关键，以推动提升为目标，是现阶段企业安全运营的主旨。只有充分结合人、数据、工具、流程，才有可能实现安全运营的目的。不管是基于流量、日志、资产的关联分析，还是部署各类安全设备，都只是手段。安全运营的目的是使企业清晰地了解自身的安全情况，发现安全威胁、敌我态势，规范安全事件处置流程，提升安全团队整体能力，逐步形成适合自身的安全运营体系，并通过成熟的安全运营体系驱动安全管理工作质量、效率的提高。

2. 安全运营的目的

安全人员每天的工作内容包括：查看各类安全设备和软件是否正常运行；查看并处理安全设备和系统的安全告警（如入侵检测、互联网监测、蜜罐系统、数据防泄密系统的安全告警）、各类审计系统（如数据库审计系统、防火墙规则审计系统）和外部第三方漏洞平台的信息；处理各类安全检测需求和工单；填报各类安全报表和报告；推进各类安全项目；应对各类安全检查和内外部审计；有分支机构管理职责的还要督促分支机构的安全管理工作。

如果一个企业只有少量人员、服务器和产品，那么上述内容就是企业安全工作的全部。但是，如果企业有上万台服务器、几百名程序员、数以百计的系统，那么除了安全设备部署、漏洞检测和漏洞修复外，企业还要考虑安全运营的问题。从工作量上看，这两类工作各占一半。占据"半壁江山"的安全运营，重点要解决以下两个问题。

（1）将安全服务质量保持在稳定区间

企业部署大量的安全防护设备和措施，在显著提升安全检测能力的同时也带来了问题：安全设备数量急剧增多，如何解决安全设备有效性的问题？在应对安全设备数量和安全告警急剧增多的同时，如何确保安全人员工作质量的稳定？安全运营的目的，是要尽可能消除各类因素对安全团队提供的安全服务质量的影响，也就是在企业规模变大，业务和系统日趋复杂的情况下，在资源投入没有大变化的情况下，应尽量确保安全团队的服务质量稳定。

（2）安全工程化能力的提升

安全运营还需要解决的一个问题是安全工程化能力的提升。例如，企业内很多有经验的安全工程师能够对一台疑似被"黑"的服务器进行排查溯源，查看服务器进程和各种日志记录，这是工程师的个人能力。如何将安全工程师的这种能力转变成自动化的安全监测能力，如何通过安全平台进行应急响应和处理，如何让不具备这种能力的安全人员也能成为对抗攻击者的力量，这是安全工程化能力提升可以解决的问题，也是安全运营应该关注的问题。

3. 安全运营的难点

企业通常从架构、工具和资源三个方面进行安全运营体系的建设，安全运营的核心是安全运营框架，承载安全运营框架的是 SIEM 平台或 SOC 平台。但实际的安全运营往往不尽如人意。那么，安全运营常见的难点有什么呢？

（1）企业自身基础设施成熟度不高。安全运营的质量高低和企业自身基础设施的成熟度有很大关联。如果一个企业自身的资产管理、IP 地址管理、域名管理、基础安全设备运维管理、流程管理、绩效管理等方面不完善，安全运营不可能独善其身。如果企业防病毒客户端、安全客户端的安装率、正常率很低，检测出某个 IP 地址有问题却始终找不到该 IP 地址和资产，检测发现的安全事件没有合理的事件管理流程支撑运转，从不约束内部员工的违法操作，那么安全运营还有什么可做的呢？因此首先需要把点的安全做好，再来考虑安全运营。

（2）安全运营不能"包治百病"。安全运营框架自身不具有安全监测能力，安全监测主要依靠安全防护框架。SOC 平台自身不产生信息，企业需要通过安全防护框架建设一系列"安全传感器"，才能具备较强的安全监测能力，拥有安全之眼。所以安全运营建设不能代替安全防护建设，需要部署的安全系统、安全设备仍应部署。

（3）难以坚持。安全人员都有一个朴素的愿望，就是希望能解决所有的问题。安全问题往往都很棘手，我们都希望能有一个成本低、时间消耗少的安全解决方案，但往往事与愿违。安全运营没有捷径，但凡和安全运营相关的事情，基本上都不是"高大上"的事情，它们往往琐碎、棘手、平淡，甚至让人沮丧。所以安全运营人员经常难以坚持，难以坚持把每个告警跟踪到底，难以坚持每天的安全例会，难以坚持每周的安全分析，难以坚持把每件事都做好。

4. 安全运营的建设

安全运营的落地是个持续的过程，不能一蹴而就。安全运营工作的特点是把一个个孤立的事件通过一定的手段关联起来，是由点成面的过程。在安全运营的建设过程中，需要考虑以下几个方面的内容。

（1）组织架构设计

应根据自身的组织架构、业务特点设计运营岗位、运营流程、运营制度、运营考评机制，建立完善的安全运营体系。要充分考虑现有安全组织机构情况、安全建设水平、安全保障能力，为安全运营体系设计提供保障。要根据安全防护范围、垂直管理情况、组织机构设置情况、安全保障人员情况等，确定安全监控、安全分析、安全响应等各类角色，设置安全监控员、安全分析员、安全处置员、应急响应领导小组等。

（2）事件响应流程设计

应根据自身行政管理机制、责任落实机制的特点，有针对性地设计安全事件监控、分析、通告、响应、处置、复核等全周期的事件响应流程，确保安全运营工作可以闭环管理。

（3）安全规则设计

应能够在深入理解业务的基础上，结合业务特点，完成各类安全威胁场景的建模，如终端用户行为分析类场景、主机违规外连类场景等。通过自定义场景规则，不断优化、提升准确度，将日常威胁事件处理的数量控制在可人工处理的数量级。成熟的安全运营体系一定要确保自身是"可消化、可吸收"的。

（4）安全运营平台设计

安全运营平台是检测与防御的根基，一个企业要想做好内网检测和防御，首先要提升全方位的感知能力，感知依托于大量数据的反馈，因此需要统一的日志收集和分析平台。同时，安全运营平台要具备持续的威胁检测能力，通过各种检测规则和机器学习模型对所有收集到的日志进行匹配检查，以保证之前的已知威胁不会被忽略。在此基础上，现阶段基于威胁情报的 IOC 检测平台也不可或缺，其主要作用是对外部情报信息或者内部情报信息进行实时匹配和报警，以确保当前所有的已知威胁能被检测出来。

最后，企业还需要一个流程管理平台，其主要作用是流程化和规范化地记录与总结所有以往发生的入侵事件的调查过程及分析结果，以便日后查询和进行关联分析，同时可以用于追踪考核。

安全运营是企业安全体系建设实际落地的必由之路。目前制约安全运营发展的最大因素有两个：一是没有特别好的商业化工具能够结合企业内部的流程和人员来提高安全运营效率；二是一万个安全负责人心中有一万种安全运营思路，没有形成统一的安全运营标准。安全运营的体系方法论和工具产品都还在快速发展、完善中。

5. 安全运营的未来

现实中，各企业网络安全体系建设的成长空间还很大。加快充实网络安全队伍，创新机制，加快队伍专业素质的培养、提升，建立网络安全专业人员持证上岗及考评制度，加快推动自身网络安全"红蓝军"队伍建设，打造一支既精通网络安全、又熟悉自身业务的网络安全技术团队，是常态化安全运营的核心要务。通过自组自建、托管服务等方式构建常态化专业型安全运营中心或成为未来企业网络安全体系建设的发展趋势之一。

5.3.2　建立网络安全应急处置机制

为维护网络空间主权和国家安全，落实网络强国战略，我国相继出台了《网络安全法》《国家网络空间安全战略》《网络空间国际合作战略》和《国家网络安全事件应急预案》等一系列法律法规和政策，确定了我国网络安全的基本方针和行动指南。在国家法律法规和政策中，网络安全应急响应能力被提升到了新的高度，建立系统、全面的网络安全应急响应标准体系已成为当务之急。

1. 认识网络安全应急响应

网络安全应急响应通常是指一个组织为了应对各种意外事件的发生所做的准备，以及在事件发生后所采取的措施。我们在日常工作中经常遇到的网络安全应急场景是：在事件发生后对事件进行排查及溯源。常见的网络安全应急响应类型如图 5-1 所示。

图 5-1　常见的网络安全应急响应类型

2. 网络安全应急响应事件的等级划分

可根据事件本身、影响范围、危害程度、商业价值几个维度进行综合评分，确定网络安全应急响应事件的等级。网络安全应急响应事件一般分为四级，分别是特别重大事件、重大事件、较大事件、一般事件。

（1）特别重大事件

特别重大事件对计算机系统或网络系统所承载的业务、事发单位利益及社会公共利益有灾难性的影响或破坏，对社会稳定、国家安全会产生灾难性的危害。例如，丢失绝密信息的安全事件、对国家安全造成重要影响的安全事件、业务系统中断八小时以上或者资产损失达到 1000 万元以上的安全事件。

符合下述任意条件，则需要上报单位领导决策：

- 网站首页无法显示或被恶意篡改；
- 网站无法登录；
- 网站全部业务无法运行。

（2）重大事件

重大事件对计算机系统或网络系统所承载的业务、事发单位利益及社会公共利益有极其严重的影响或破坏，对社会稳定、国家安全会造成严重危害。例如，丢失机密信息的安全事件、对社会稳定造成重要影响的安全事件、业务系统中断八小时以内或者资产损失达到 300 万元以上的安全事件。

符合下述任意条件，则需要上报单位部门领导决策：

- 网站部分业务无法运行；
- 系统访问异常缓慢；
- 部分用户无法登录。

（3）较大事件

较大事件对计算机系统或网络系统所承载的业务、事发单位利益及社会公共利益有较为严重的影响或破坏，对社会稳定、国家安全会产生一定危害。例如，丢失秘密信息的安全事件、对事发单位正常工作和形象造成影响的安全事件、业务系统中断四小时以内或者资产损失达到 50 万元以上的安全事件。

（4）一般事件

一般事件对计算机系统或网络系统所承载的业务及事发单位利益有一定的影响或破坏，或者基本没有影响和破坏。例如，丢失工作秘密的安全事件、只对事发单位部分人员的正常工作秩序造成影响的安全事件、业务系统中断两小时以内或者资产损失仅在 50 万元以内的安全事件。

在不同等级的网络安全应急响应事件发生后，安全事件响应组应启动相应预案，并负责应急处置工作。

3. 网络安全应急响应处置的事件类型

在自行发现或被通告出现攻击事件时，绝大多数企业和机构的网站（DMZ区）、办公区终端、核心重要业务服务器等都已遭到了网络攻击，影响了系统运行和服务质量。

（1）邮箱

邮箱异常是常见的邮箱突发安全事件。

主要现象：邮件服务器发送垃圾邮件。

主要危害：严重影响邮件服务器性能。

攻击方法：攻击者通过多渠道获取员工邮箱密码，进而登录到邮箱系统进行垃圾邮件发送。

攻击目的：炫技或挑衅；向企业和机构勒索钱财，以达到获利目的。

（2）终端

① 运行异常。

主要现象：操作系统响应缓慢，非繁忙时段流量异常，存在异常系统进程及服务，存在异常的外连现象。

主要危害：终端被攻击者远程控制；企业和机构的敏感、机密数据可能被窃取。个别情况下，会造成比较严重的系统数据破坏。

攻击方法：针对企业和机构办公区终端的攻击，很多情况下是由高级攻击者发动的，攻击动作往往很小，技术也更隐蔽。通常情况下，并没有太多的异常现象。

攻击目的：长期潜伏，收集信息，以便进一步渗透；窃取重要数据并外传；使用终端资源对外发起 DDoS 攻击。

② 勒索病毒。

主要现象：内网终端出现蓝屏、反复重启和文档被加密等。

主要危害：企业和机构向攻击者支付勒索费用；内网终端无法正常运行；数据可能泄露。

攻击方法：攻击者通过弱密码探测、软件和系统漏洞利用、传播感染等方法，使内网终端感染勒索病毒。

攻击目的：向企业和机构勒索钱财，以达到获利目的。

（3）网站

① 网页被篡改。

主要现象：网页被篡改，出现各种不良信息，甚至出现反动信息。

主要危害：散布各类不良或反动信息，影响企业和机构声誉。

攻击方法：攻击者利用 WebShell 等木马后门，对网页实施篡改。

攻击目的：宣泄对社会的不满；炫技或挑衅；对企业和机构进行敲诈勒索。

② 非法子页面。

主要现象：网站存在赌博、色情、钓鱼等非法子页面。

主要危害：通过搜索引擎搜索相关网站，将出现赌博、色情等信息；通过搜索引擎搜索赌博、色情信息，也会出现相关网站；对于被植入钓鱼网页的情况，当用户访问相关钓鱼网页时，安全软件可能不会给出风险提示。

攻击方法：攻击者利用 WebShell 等木马后门，对网站进行子页面的植入。

攻击目的：恶意网站的 SEO 优化；为网络诈骗提供"相对安全"的钓鱼网页。

③ 网站流量异常。

主要现象：偶发性流量异常偏高，且非业务繁忙时段也会出现流量异常偏高现象。

主要危害：尽管从表面上看，网站受到的影响不大，但实际上，网站已经处于被攻击者控制的高度危险状态，各种有重大危害的现象都有可能发生。

攻击方法：攻击者利用 WebShell 等木马后门控制网站；某些攻击者甚至会以网站为跳板对企业和机构的内部网络实施渗透。

攻击目的：对网站进行挂马、篡改、暗链植入、恶意页面植入、数据窃取等。

④ 异常进程与异常外连。

主要现象：操作系统响应缓慢，非繁忙时段流量异常，存在异常系统进程及服务，存在异常的外连现象。

主要危害：系统异常，系统资源耗尽，业务无法正常运行；网站可能会成为攻击者的跳板，或者是对其他网站发动 DDoS 攻击的攻击源。

攻击方法：使用网站系统资源对外发起 DDoS 攻击；将网站作为 IP 代理，隐藏攻击者，实施攻击。

攻击目的：长期潜伏，窃取重要数据信息。

（4）服务器

① 运行异常。

主要现象：操作系统响应缓慢，非繁忙时段流量异常，存在异常系统进程及服务，存在异常的外连现象。

主要危害：服务器被攻击者远程控制；企业和机构的敏感、机密数据可能被窃取。个别情况下，会造成比较严重的系统数据破坏。

攻击方法：针对企业和机构服务器的攻击，很多情况下是由高级攻击者发动的，攻击行动往往动作很小，技术也更隐蔽。通常情况下，并没有太多的异常现象。

攻击目的：长期潜伏，收集信息，以便进一步渗透；窃取重要数据并外传；使用服务器资源对外发起 DDoS 攻击。

② 木马病毒。

主要现象：服务器无法正常运行或异常重启，管理员无法正常登录进行管理，重要业务中断，服务器响应缓慢等。

主要危害：服务器被攻击者远程控制；企业和机构的敏感、机密数据可能被窃取。个别情况下，会造成比较严重的系统数据破坏。

攻击方法：攻击者通过弱密码探测、系统漏洞利用、应用漏洞利用等方法，植入恶意程序进行攻击。

攻击目的：利用内网服务器资源进行虚拟币的挖掘，从而赚取相应的虚拟币，以达到获利目的。

③ 勒索病毒。

主要现象：内网服务器文件被勒索病毒加密，无法打开。

主要危害：用户无法打开文件，企业和机构向攻击者支付勒索费用；内网服务器无法正常运行；数据可能泄露。

攻击方法：通过弱密码探测、共享文件夹加密、软件和系统漏洞利用、数据库暴力破解等方法，使内网服务器感染勒索病毒。

攻击目的：通过使服务器感染勒索病毒，向企业和机构勒索钱财，以达到获利目的。

4. 网络安全应急响应的实施

在发生信息破坏（篡改、泄露、窃取、丢失等）事件、大规模病毒事件、网站漏洞事件等安全事件时，相关机构需要进行安全事件应急响应和处置。该流程并非是固定不变的，需要网络安全应急响应服务人员在实际应用中灵活变通。

（1）准备阶段

准备阶段以预防为主，主要工作如下：识别风险，建立安全政策，建立协作体系和应急制度；按照安全政策配置安全设备和软件，为应急响应与恢复准备主机；通过网络安全措施，为网络进行一些准备工作，如扫描、风险分析、打补丁；建立监控设施（如有条件且得到许可），建立数据汇总分析的体系；制定能够实现应急响应目标的策略和规程；建立信息沟通渠道；建立能够集合起来处理突发安全事件的体系。

（2）检测阶段

检测阶段是网络安全应急响应处置过程中重要的阶段，主要工作如下：实施小组人员的确定，检测范围及对象的确定，检测方案的确定，检测方案的实施和检测结果的处理。检测阶段的主要目标是接到事故报警后对异常的系统进行初步分析，确认其是否真正发生了安全事件，制定进一步的响应策略，并保留证据。

① 实施小组人员的确定。

网络安全应急响应负责人根据初步的检查，初步分析事故的类型、严重程度等，确定临时网络安全应急响应实施小组的人员名单。

接到事故报警后，应立即对以下事项进行初步排查。重点检查项应尽量全部记录，一般检查项根据实际情况按需记录。

重点检查项：

- 确认是否影响业务生产，造成哪些业务无法开展；
- 确认网络是当前范围内的局域网，还是全国大内网；
- 确认是否有主机"中招"，有多少台服务器"中招"，分别是哪种服务器，有多少台终端"中招"。

一般检查项：

- 确认此次事件类型，包括遭遇勒索病毒（如果是勒索病毒，需填写加密的文件后缀）、挖矿木马、APT 攻击、网站挂马、网站暗链、网站篡改、数据泄露等；

- 确认病毒的传播能力及传播方式；

- 确认业务数据的备份情况；

- 确认是否有数据泄露，以及哪些数据泄露了；

- 确认安全软件部署情况及归属厂家。例如，是否部署防病毒软件、流量监测设备、虚拟化安全产品等。

② 检测范围及对象的确定。

主要涉及以下内容。

- 对发生异常的系统进行初步分析，判断是否真正发生了安全事件。

- 确定检测对象及范围。

③ 检测方案的确定。

主要涉及以下内容。

- 确定检测方案。

- 检测方案应明确检测规范。

- 检测方案应明确检测范围，其检测范围应仅限于与安全事件相关的数据，未经授权的机密性数据信息不得访问。

- 检测方案中应包含实施方案失败时的应变和回退措施。

- 充分沟通，并预测应急处置方案可能造成的影响。

④ 检测方案的实施。

主要涉及以下内容。

- 收集操作系统信息：收集操作系统的基本信息、日志信息、账号信息等。

- 主机检测：包括日志检测、账号检测、进程检测、服务检测、自启动检测、网络连接检测、共享检测、文件检测、查找其他入侵痕迹等。

⑤ 检测结果的处理。

经过检测，判断出安全事件类型。安全事件包括以下 7 种基本类型。

- 有害程序事件：是指蓄意制造、传播有害程序，或因受到有害程序的影响而导致的安全事件。

- 网络攻击事件：是指通过网络或其他技术手段，利用信息系统的配置缺陷、协议缺陷、程序缺陷或使用暴力攻击对信息系统实施攻击，造成信息系统异常或对信息系统当前运行造成潜在危害的安全事件。

- 信息破坏事件：是指通过网络或其他技术手段，造成信息系统中的信息被篡改、假冒、窃取等的安全事件。

- 信息内容安全事件：是指利用信息网络发布、传播危害国家安全、社会稳定和公共利益的内容而导致的安全事件。
- 设备设施故障事件：是指由于信息系统自身故障或外围保障设施故障而导致的安全事件，以及人为地使用非技术手段，有意或无意地造成信息系统破坏而导致的安全事件。
- 灾害性事件：是指由于不可抗力对信息系统造成物理破坏而导致的安全事件。
- 其他安全事件：是指不能归为以上 6 种基本类型的安全事件。

评估突发安全事件的影响可采用定量和/或定性的方法，可对业务中断、系统宕机、网络瘫痪、数据丢失等突发安全事件造成的影响进行评估，主要评估内容如下。

确定是否存在针对该事件的特定系统预案，如果存在，则启动相关预案；如果事件涉及多个专项预案，则应同时启动所有涉及的专项预案。如果不存在针对该事件的专项预案，那么应根据事件具体情况，采取抑制措施，抑制事件进一步扩散。

（3）抑制阶段

抑制阶段的主要目标是及时采取行动，限制事件扩散和影响的范围，限制潜在的损失，确保封锁方法对涉及的相关业务产生的影响最小。

抑制阶段的主要工作如下。

- 抑制方案的确定。
- 抑制方案的认可。
- 抑制方案的实施。
- 抑制效果的判定。

① 抑制方案的确定。

在检测分析的基础上，初步确定与安全事件相对应的抑制方案，如有多个，可在考虑后选择相对最佳的方案。

在确定抑制方案时应该考虑：

- 全面评估入侵范围、入侵带来的影响和损失；
- 通过分析得到的其他结论，如攻击者的来源；
- 服务对象的业务和重点决策过程；

- 服务对象的业务连续性。

② 抑制方案的认可。

主要涉及以下内容。

- 明确当前面临的首要问题。

- 在采取抑制措施之前，明确可能存在的风险，制定应变和回退措施。

③ 抑制方案的实施。

严格按照相关约定实施抑制方案，不得随意更改抑制措施的范围，如有必要更改，需获得领导的授权。

抑制措施包含但不限于以下几方面。

- 确定被攻击系统的范围后，将被攻击系统和正常的系统进行隔离，断开或暂时关闭被攻击系统，使攻击先彻底停止。

- 持续监视系统和网络活动，记录异常流量的远程 IP 地址、域名、端口。

- 停止或删除系统非正常账号、隐藏账号，更改密码，提高密码的安全级别。

- 挂起或结束未授权的、可疑的应用程序和进程。

- 关闭存在的非法服务和不必要的服务。

- 删除系统各用户"启动"目录下未授权的自启动程序。

- 使用 Net Share 或其他第三方工具停止共享。

- 使用反病毒软件或其他安全工具检查文件，扫描硬盘上所有的文件，隔离或清除木马、蠕虫、后门等可疑文件。

- 设置陷阱（如蜜罐系统），或者反击攻击者的系统。

④ 抑制效果的判定。

主要涉及以下内容。

- 防止事件继续扩散，限制潜在的损失和破坏，使目前的损失最小化。

- 将对其他相关业务的影响控制在最小。

在抑制阶段，可能需要编写应急处置方案，应急处置方案示例如下。

应急处置方案

（一）紧急处置方案

（1）对于已"中招"的服务器：下线隔离。

（2）对于未"中招"的服务器：

- 在重要网络边界防火墙上关闭 3389 端口，或 3389 端口只对特定 IP 地址开放。
- 开启 Windows 防火墙，尽量关闭 3389、445、139、135 等不用的高危端口。
- 每台服务器设置唯一的密码，且要求采用大小写字母、数字、特殊符号混合的结构，密码位数足够长（15 位、两种组合以上）。
- 安装天擎最新版本（带防暴力破解功能），进行天擎服务器加固，防止被攻击。

（二）后续跟进方案

- 对于已下线隔离的"中招"服务器，联系专业技术服务机构进行日志及样本分析。
- 建议部署全流量监测设备（如天眼），及时发现恶意网络流量，进一步追踪溯源。

（4）根除阶段

根除阶段的主要目标是在对事件进行抑制之后，通过对有关事件或行为的分析结果，找出事件根源，明确相应的补救措施并彻底清除问题。

根除阶段的主要工作如下。

- 根除方案的确定。
- 根除方案的认可。
- 根除方案的实施。
- 根除效果的判定。
- 填写应急响应处置表。

① 根除方案的确定。

主要涉及以下内容。

- 检查所有受影响的系统，在准确判断安全事件原因的基础上，提出方案建议。
- 由于攻击者一般会安装后门或使用其他的方法，以便于在将来有机会入侵被攻陷的系统，因此在确定根除方法时，需要了解攻击者是如何入侵的，以及与这种入侵方法相同和相似的各种方法。

② 根除方案的认可。

主要涉及以下内容。

- 明确采取的根除措施可能带来的风险，制定应变和回退措施。
- 准备根除方案的实施。

③ 根除方案的实施。

应使用可信的工具进行安全事件的根除处理，不得使用被攻击系统已有的不可信的文件和工具。

根除措施包含但不限于以下几个方面。

- 修改全部可能受到攻击的系统账号和密码，并提高密码的安全级别。
- 修补系统、网络和其他软件的安全漏洞。
- 增强防护功能，复查所有防护措施的配置，安装最新的防火墙和杀毒软件并及时更新，对未受保护或者保护不够的系统增加新的防护措施。
- 提高监视保护级别，以保证将来对类似的入侵进行检测。

④ 根除效果的判定。

主要涉及以下内容。

- 找出事件发生的原因，备份相关文件和数据。
- 对系统中的文件进行清理，并根除。
- 使系统能够正常工作。

⑤ 填写网络安全应急响应处置表。

填写网络安全应急响应处置表，详细记录现场的情况，网络安全应急响应处置表应包含以下内容。

- 处置情况描述。
- 感染总数。
- 样本是否被提取，以及与其他样本的关联性。
- 被攻击系统 IP 地址及溯源 IP 地址。

（5）恢复阶段

恢复阶段的主要目标是恢复安全事件涉及的系统，使其还原到正常状态，且业务能够正常进行，恢复阶段应避免因误操作而导致数据丢失。

恢复阶段的主要工作如下。

- 恢复方案的确定。

- 恢复信息系统。

① 恢复方案的确定。

制定一个或多个能从安全事件中恢复系统的方案，了解其可能存在的风险。

确定恢复方案：根据抑制和根除的情况，协助服务对象选择合适的恢复方案，恢复方案涉及以下几个方面。

- 如何获得访问受损设施或地理区域的授权？

- 如何通知相关系统的内部和外部业务伙伴？

- 如何获得安装所需的硬件部件？

- 如何获得装载备份介质？

- 如何恢复关键操作系统和应用软件？

- 如何恢复系统数据？

- 如何成功运行备用设备？

如果涉及涉密数据，确定恢复方案时应遵循相应的保密要求。

② 恢复信息系统。

网络安全应急响应实施小组应按照系统的初始化安全策略恢复信息系统；恢复信息系统时，应根据信息系统中各子系统的重要性，确定恢复的顺序。

恢复信息系统的过程包含但不限于以下几个方面。

- 利用正确的备份恢复用户数据和配置信息。

- 开启系统和应用服务，将因受到入侵或者怀疑存在漏洞而关闭的服务修改后重新开放。

- 连接网络，使服务重新上线，并持续监控、汇总、分析各网络的运行情况。

对已恢复的系统，还要验证其是否能正常运行。

当不能彻底恢复配置和清除系统上的恶意文件，或不能肯定系统在根除处理后已恢复正常时，应选择彻底重建系统。应对重建后的系统进行安全加固，并建立系统快照和备份。

（6）总结阶段

总结阶段的主要目标是通过以上各个阶段的记录，回顾安全事件处理的全过程，整理与安全事件相关的各种信息进行总结，并尽可能地把所有信息记录到文档中。

总结阶段的主要工作如下。

- 事件总结。
- 事件报告。

① 事件总结。

应及时检查安全事件处理记录是否齐全、是否具备可塑性，并对事件处理过程进行总结和分析。

事件总结的具体工作包含但不限于以下几个方面。

- 事件发生的现象总结。
- 事件发生的原因分析。
- 系统的损害程度评估。
- 事件损失估计。
- 采取的主要应对措施总结。
- 相关的工具文档（如专项预案、方案等）归档。

② 事件报告。

主要涉及以下内容。

- 编写完备的安全事件处理报告。
- 编写网络安全方面的措施和建议。

××安全事件应急响应报告的示例如下。

××安全事件应急响应报告

一、项目概述

1.1　事件概述

（1）应急响应开始时间。

（2）应急响应结束时间。

（3）事件描述。

1.2　应急响应工作目标

应达成如下工作目标。

（1）分析样本感染方式及对系统造成的影响。

（2）排查攻击者入侵路径（如果不需要对日志进行分析溯源，删除即可）。

（3）提供针对此类病毒的处置解决方法。

二、应急响应工作流程

2.1 检测阶段工作说明

2.2 抑制阶段工作说明

2.3 根除阶段工作说明

2.4 恢复阶段工作说明

三、总结及安全建议

3.1 应急响应总结

3.2 相关安全建议

四、附件及中间文档

5.4 新一代企业网络安全体系框架

结合当前企业和机构的网络安全普遍性需求，吸取国内外众多大型机构多年的网络安全实践经验，以及最新网络安全技术研究成果，本书提出面向"十四五"期间的网络安全体系规划的"十大工程、五大任务"框架，为企业提供从"甲方视角、信息化视角、网络安全全景视角"出发的顶层规划和体系设计的思路与建议。本框架改变了以概念引导加产品堆叠为主的规划模式，利用系统工程方法论，从顶层视角建立网络安全体系全景视图，指导安全建设，强化安全与信息化的融合，提升安全能力成熟度，凸显安全对业务的保障作用。企业可借鉴"十大工程、五大任务"框架进行网络安全体系规划，以重点项目为抓手，合理调配资源、完善管理机制，使网络安全体系建设工作得到充足保障和有力推动，从而在"十四五"期间通过升级、替换或重构的方式实现网络安全能力的演进提升，保障企业数字化业务平稳、可靠、有序和高效运行。

5.4.1 简介

我们将新一代企业网络安全体系框架从实体工程和支撑任务两个维度划分为"十大工程、五大任务"，如图 5-2 所示。它适用于网络空间各个应用场景下的安全需求，能指导不同的行业输出符合其业务特点的网络安全体系，对规划落地起到指引作用。

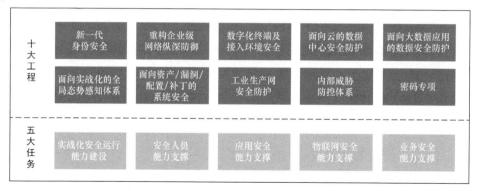

图 5-2　十大工程、五大任务

新一代企业网络安全体系框架面向新基建、数字化业务，用系统工程方法论结合"内生安全"的理念，引导网络安全体系规划从局部整改为主的外挂式建设模式演进为网络安全与信息化深度融合的体系化建设模式。企业可借鉴"十大工程、五大任务"框架，建立数字化环境内部无处不在的"免疫力"，构建出动态、综合的网络安全防御体系，全方位保障业务的安全、有序运行，如图 5-3 所示。

5.4.2　十大工程

工程一：新一代身份安全。传统身份管理无法满足数字化身份管理需求，大数据、物联网、云计算等技术的应用改变了传统的身份管理和使用模式。本工程立足于信息化和网络安全双基础设施的定位，构建基于属性的身份管理与访问控制体系，全面管理数字化身份，为网络安全与业务运营奠定基础。

工程二：重构企业级网络纵深防御。混合云、物联网、工业生产网、卫星通信等技术应用产生了更多的网络出口，使得管理更加复杂、安全风险剧增。本工程采用标准化、模块化的网络安全防护集群，适配网络节点接入模式，构建覆盖多层次的网络纵深防御体系。

工程三：数字化终端及接入环境安全。在数字化时代，终端安全管理的复杂性增强、终端类别增多、管控难度加大，接入安全、数据安全风险剧增。本工程在终端和接入环境上构建一体化终端安全技术栈，构建全面覆盖多场景的数字化终端安全管理体系。

工程四：面向云的数据中心安全防护。云数据中心将逐渐取代传统数据中心，其应用场景日趋复杂，多种业务混合交织，业务风险增大。本工程立足于混合云模式，将安全能力深入融合到云数据中心多层次的网络纵深和组件中，同时满足传统数据中心安全和云计算安全的要求。

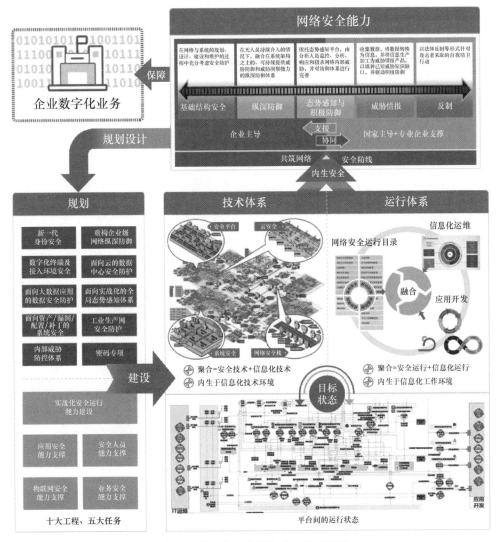

图 5-3　新一代企业网络安全体系框架

工程五：面向大数据应用的数据安全防护。数据集中将导致风险集中，数据流转将产生更多攻击面，数据应用场景繁多、复杂会使数据风险加大。本工程以数据安全治理为基础，将数据生命周期与数据应用场景结合，严控数据的流转与使用，加强行为监控与审计，确保数据安全。

工程六：面向实战化的全局态势感知体系。以往态势感知体系重视安全数据展现，却忽略安全运行所需要的安全数据分析能力，支撑安全实战的有效性不足。

本工程覆盖所有信息资产的实时安全监测，持续检验安全防御机制的有效性，动态分析安全威胁并及时处置，实现全面安全态势分析、逐级钻取调查、安全溯源和取证。

工程七：面向资产/漏洞/配置/补丁的系统安全。资产/漏洞/配置/补丁是安全工作的基础，也是各大机构的安全体系的最短板。本工程建设数据驱动的系统安全运行体系，聚合 IT 资产/漏洞/配置/补丁等数据，提高漏洞修复的确定性，实现及时、准确、可持续的系统安全保护，夯实业务系统安全基础。

工程八：工业生产网安全防护。工业生产是生产类企业和机构的根基与命脉，但长期以来，企业和机构工业生产网的安全防护普遍缺失。本工程面向工控网络内部、工控与 IT 网络边界、数据采集与运维、集团总部数据中心构建多层次安全措施，强化纵深防御，并全面掌握工业生产网的安全态势，保护工控生产运行安全。

工程九：内部威胁防控体系。内部人员违规、越权、滥权等异常操作或无意识操作将导致严重的业务损失。本工程构建内部威胁安全管控体系，基于操作监控、访问控制、行为分析等手段，结合管控制度、意识培训等管理措施，提升内部威胁防护能力。

工程十：密码专项。秉承"内生安全"理念，规划、设计密码体系，实现密码与信息系统、数据和业务应用紧密结合，支撑业务系统密码服务需求，满足密码相关的法律要求。

5.4.3　五大任务

任务一：实战化安全运行能力建设。数字化时期的威胁瞬息万变，按次开展的安全检查与测评模式无法满足业务安全保障要求。本任务建立实战化的安全运行体系，全面涵盖安全团队、安全运行流程、安全操作规程、安全运行支撑平台和安全工具等，并持续进行评估、优化，持续提升安全运行成熟度，以达成对信息系统的持久性防护。

任务二：安全人员能力支撑。人是安全的尺度，人的能力决定安全体系建设和运行的能力。本任务设置企业和机构网络安全团队，设置岗位与能力要求，开展能力实训，建设网络安全实战训练"靶场"，提升人员的实战能力，形成安全团队建制化。

任务三：应用安全能力支撑。应用系统建设过程中的问题是：安全长期缺位，安全与信息化建设普遍割裂，系统带病上线，后期整改困难。本任务结合开发运行一体化（DevOps）模式，推进安全能力与信息系统持续集成，使安全属性内生于信息系统，在保持敏捷的同时满足合规要求，使信息系统天然具有免疫力。

任务四：物联网安全能力支撑。物联网设备类型碎片化、网络异构化、部署泛在化的特性引入了大量安全风险。本任务结合物联网"端边云"的架构，构建具有灵活性、自适应性和边云协同能力的物联网安全能力支撑体系。

任务五：业务安全能力支撑。数字化业务剧增，由恶意操作、误操作行为引发的业务风险显著增长，造成企业和机构利益、声誉的巨大损失。本任务聚合业务与行为数据，利用大数据分析技术，保护用户隐私和交易安全，加强欺诈防范。

第 6 章
网络安全实战攻防演习

网络安全实战攻防演习是新形势下关键信息系统网络安全保护工作的重要组成部分。演习通常以实际运行的信息系统为保护目标，通过有监督的攻防对抗，最大限度地模拟真实的网络攻击，以此来检验信息系统的实际安全性和运维保障的实际有效性。

2016 年以来，在国家监管机构的有力推动下，网络安全实战攻防演习得到发展，演习范围越来越广，演习周期越来越长，演习规模越来越大。国家有关部门组织的全国性网络安全实战攻防演习的规模，从 2016 年的几家参演单位已扩展到 2020 年的上百家参演单位。同时各省市、各行业的监管机构，都在积极地筹备和组织各自管辖范围内的实战攻防演习。

网络安全实战攻防演习中的红队与蓝队分别代表攻击方与防守方。不过，红队和蓝队尚无严格的定义，也有一些演习将蓝队设为攻击方、红队设为防守方。在本章中，我们依据绝大多数网络安全工作者的习惯，统一将攻击方命名为红队，将防守方命名为蓝队，而紫队则代表组织演习的机构。

6.1 红队视角下的防御体系突破

6.1.1 红队：攻击方

红队一般会针对目标系统、人员、软件、硬件和设备同时进行多角度、混合、对抗性的模拟攻击；通过系统提权、控制业务、获取数据等方式，来发现系统、技术、人员和基础架构中存在的网络安全隐患或薄弱环节。

必须说明的是，虽然实战攻防演习过程中通常不会严格限定红队的攻击手法，但所有技术的使用、目标的达成必须严格遵守国家相关法律法规。

在演习实践中，红队通常会以 3 人为一个战斗小组，1 人为组长。组长通常是红队中综合能力最强的人，需要有较强的组织意识、应变能力和丰富的实战经验。而 2 名组员则往往需要各有所长，具备边界突破、横向移动（利用一台受控设备攻击其他相邻设备）、情报收集或武器制作中某一方面或几方面的专长。

红队成员的能力要求往往是综合性、全面性的。红队成员不仅要熟练使用各种黑客工具、分析工具，还要熟知目标系统及其安全配置，并具备一定的代码开发能力，以便应对特殊问题。

6.1.2　攻击的三个阶段

一般来说，红队的攻击可分为三个阶段：情报收集、建立据点和横向移动。

1. 第一阶段：情报收集

当红队成员接到目标任务后，并不是像渗透测试那样，在简单收集数据后直接尝试利用各种常见漏洞，而是先去做情报侦察和信息收集工作，收集相关人员信息、组织架构信息、IT 资产信息、敏感信息、供应商信息等。

掌握了目标企业相关人员信息和组织架构信息，就可以快速定位关键人物，以便实施鱼叉攻击，或确定内网横纵向渗透路径；掌握了 IT 资产信息，就可以为漏洞发现和利用提供数据支撑；掌握了企业与供应商合作的相关信息，就可以有针对性地开展供应链攻击。而究竟是社工（社会工程学）钓鱼，还是直接利用漏洞进行攻击，或是从供应链下手，一般取决于哪里是安全防护的薄弱环节，以及红队对攻击路径的选择。

2. 第二阶段：建立据点

在找到薄弱环节后，红队成员会尝试利用漏洞或社工等方法去获取外网系统的控制权限，这个过程一般称为"打点"或"撕口子"。在这个过程中，红队成员会尝试绕过 WAF、IPS、杀毒软件等防护设备或软件，用最少的流量、最小的动作实现漏洞利用。

通过撕开的口子，寻找和内网连通的通道，再进一步进行深入渗透，这个由外到内的过程一般称为纵向渗透，只要没有找到内外连通的 DMZ（Demilitarized Zone，隔离区），红队成员就会继续撕口子，直到找到接入内网的点为止。

当红队成员找到合适的口子后，便可以把这个点作为从外网进入内网的根据地，再通过 frp、reGeorg 等工具在这个口子上建立隧道，形成从外网到内网的跳板，将它作为实施内网渗透的坚实据点。

若权限不足以建立据点，则红队成员通常会利用系统、程序或服务漏洞进行提权操作，以获得更高权限；若据点是非稳定的计算机，则红队成员会进行持久化操作，保证计算机重启后，据点依然可以在线。

3. 第三阶段：横向移动

进入内网后，红队成员一般会在本机及内网中开展进一步的信息收集和情报刺探工作，收集当前计算机的网络连接、进程列表、命令执行历史记录、数据库信息、用户信息、管理员登录信息，总结密码规律、补丁更新频率等；同时对内网其他计算机或服务器的 IP 地址、主机名、开放端口、开放服务、开放应用等情况进行情报刺探，再利用内网计算机、服务器不及时修复漏洞、不做安全防护、使用相同密码等弱点来进行横向移动，扩大战果。

对于含有域的内网，红队成员会在扩大战果的同时去寻找域管理员登录的蛛丝马迹。一旦发现有域管理员登录某台服务器，就可以利用 mimikatz 等工具尝试获得登录账号、密码，或者利用 hashdump 工具导出 NTLM 哈希，进而实现对域控服务器的渗透和控制。

在内网漫游过程中，红队成员会重点关注邮件服务器权限、OA 系统权限、版本控制服务器权限、集中运维管理平台权限、统一认证系统权限、域控服务器权限，尝试突破核心系统权限，控制核心业务，获取核心数据，最终完成目标突破工作。

6.1.3　常用的攻击战术

在实战过程中，红队成员会逐渐摸索出一套方法、总结出一些经验：例如，有后台或登录入口的，尽量尝试通过弱密码等方式进入系统；找不到系统漏洞时，尝试社工钓鱼，从"人"入手进行突破；有安全防护设备的，尽量少用或不用扫描器，使用 exp，力求一击即中；针对蓝队防守严密的系统，尝试从子公司或供应链入手开展工作。在建立据点的过程中，红队会使用多种手段，在多点潜伏，防患于未然。下面介绍四种红队常用的攻击战术。

1. 利用弱密码获得权限

弱密码、默认密码、通用密码和已泄露密码通常是红队成员关注的重点。在实际工作中，通过弱密码获得权限的情况占据 90%以上。

很多企业员工以类似 zhangsan、zhangsan001、zhangsan123 这种账号拼音及

其简单变形，或者 123456、生日、身份证后 6 位、手机号后 6 位等作为密码，导致攻击者在信息收集后，利用生成的简单密码字典进行枚举，攻破邮箱、OA 系统等。

还有很多员工喜欢在多个不同网站上设置同一个密码，而其密码可能早已经泄露并被录入社工库。这导致攻击者从某一途径获取了其账号、密码后，通过凭证复用的方式可以轻而易举地登录到此员工所使用的其他业务系统中，为打开新的攻击面提供了便捷。

很多通用系统在安装后会有默认管理密码，然而有些管理员不会修改密码，admin、test-123456、admin888 等密码仍广泛存在于内外网系统后台中。攻击者一旦进入系统后台，便很可能获得服务器控制权限；同样，有很多管理员为了管理方便，使用同一个密码管理不同的服务器。当一台服务器被攻破后，多台服务器，甚至域控服务器都存在被攻破的风险。

2. 利用社工钓鱼进入内网

同一员工在不同情况下做同一件事情可能会犯不同的错误，不同的员工在同一情况下做同一件事情也可能会犯不同的错误。很多情况下，当红队成员发现攻击系统困难时，通常会把思路转到"人"身上。

很多员工对接收的木马文件、钓鱼邮件没有防范意识。红队成员可针对某目标员工获取其邮箱权限，再通过此邮箱发送钓鱼邮件。大多数员工由于信任内部员工发出的邮件，会轻易点开钓鱼邮件中的恶意附件。一旦某员工的个人计算机被攻破，红队成员就可以将该计算机作为据点实施横向内网渗透，继而攻击目标系统或其他系统，甚至攻击域控服务器，直到攻破内网。

当然，社工钓鱼不仅局限于电子邮件，通过客服系统、聊天软件、电话等方式有时也能取得不错的效果。某黑客入侵某大型互联网公司系统，采用的方法就是通过客服系统反馈客户端软件存在问题无法运行，继而向客服发送了木马文件，木马上线后，成功控制该公司的核心系统。有时，攻击者会利用企业中不太懂安全的员工来打开局面，如给法务人员发律师函、给人力资源人员发简历、给销售人员发采购需求等。

一旦控制了员工计算机，攻击者便可以进一步实施信息收集。例如，大部分员工为了日常操作方便，会以明文的方式在桌面或"我的文档"中存储包含系统地址及账号、密码的文档；此外，大多数员工也习惯使用浏览器的记住密码功能，而浏览器的记住密码功能大部分依赖系统的 API 进行加密，所存储的密码是可逆的。红队成员在导出保存的密码后，可以在受控主机上建立据点，用受控员工的 IP 地址、账号、密码来登录。

3. 利用旁路攻击实施渗透

在有蓝队防守时，企业总部的网站通常防守得较为严密，红队成员很难正面攻击，撬开进入内网的大门。此种情况下，红队成员通常不会硬攻"大门"，而会想方设法找"下水道"，或者"挖地道"去迂回进攻。

红队在实战中发现，绝大部分企业的下属子公司之间，以及下属子公司与总部之间的内网均未进行有效的隔离。部分机构、企业习惯单独架设一条专用网络来打通各地区之间的内网连接，但忽视了针对此类内网的安全建设，缺乏足够有效的网络访问控制机制，导致子公司、分公司一旦被攻破，攻击者可通过内网横向移动直接攻击总部，漫游企业的整个内网，攻击任意系统。

例如，A 子公司位于深圳，B 子公司位于广州，而总部位于北京。当 A 子公司或 B 子公司被攻破后，攻击者可以毫无阻拦地进入总部网络；另外一种情况是，A、B 子公司可能仅需要访问总部位于北京的业务系统，而不需要有业务上的往来，理论上应该限制 A、B 子公司之间的网络访问，但实际上有一条专线内网通往全国各地，一处被攻破可能导致处处被攻破。

此外，大部分企业对开放于互联网的边界设备较为信任，如 VPN 系统、虚拟化桌面系统、邮件服务系统等。考虑到此类设备通常用于访问内网的重要业务，为了避免影响员工的正常使用，企业没有在其传输通道上增加更多的防护手段；再加上此类系统多会采用集成统一的登录方式，因此一旦获得了某员工的账号、密码，攻击者就可以通过这些系统突破边界，直接进入内网。

例如，开放在内网边界的邮件服务系统通常缺乏审计，也未采用多因子认证，而员工平时通过邮件传送大量内网的敏感信息，如服务器的账号、密码，重点人员通讯录等；当掌握员工的账号、密码后，在邮件中所获得的信息，会给攻击者的下一步工作提供很多方便。

4. 秘密渗透与多点潜伏

红队一般不会大规模使用漏洞扫描器，因为目前主流的 WAF、IPS 等防护设备都有识别漏洞扫描器的能力。因此在数据积累的基础上,有针对性地根据特定系统、特定平台、特定应用、特定版本去寻找与之对应的漏洞,编写可以绕过防护设备的 exp 来实施攻击,可以达到一击即中的目的。

现有的很多防护设备由于自身缺陷或安全防护能力薄弱,基本上不具备发现和阻止这种针对性攻击的能力,导致即便系统被入侵,资料、数据被窃取,防守单位也不会感知到入侵行为。此外,由于安全人员技术能力较差,无法发现、识别攻击行为,无法给出有效的攻击阻断、漏洞溯源及系统修复策略,导致在攻击发生的很长一段时间内,防守单位都没有有效的应对措施。

红队通常不会仅站在一个据点上去开展渗透工作,而会使用不同的 WebShell、后门,以及不同的协议来建立不同的据点。因为大部分应急响应过程并不能找到攻击源头,也未必能分析出完整的攻击路径,缺乏联动防御,所以在防护设备告警时,大部分情况蓝队仅处理了告警设备中对应告警 IP 地址的服务器,而忽略了对攻击链的梳理,导致尽管处理了告警,却仍未能将红队排除在内网之外,红队的据点可以快速"死灰复燃"。如果某些蓝队成员专业度不高,缺乏安全意识,在Windows 服务器应急响应的过程中,直接将自己的磁盘通过远程桌面共享挂载到被告警的服务器上,反而给了红队进一步攻击的机会。

6.1.4　经典攻击案例

1. 浑水摸鱼——社工钓鱼,突破系统

社工的使用在红队工作中占据着半壁江山,而钓鱼攻击则是社工中最常使用的方法。钓鱼攻击通常具备一定的隐蔽性和欺骗性,不具备网络技术能力的人通常无法识破;而针对特定目标及群体精心构造的鱼叉攻击则可令具备一定网络技术能力的人防不胜防。

小 D 接到这样一个攻击任务:攻击某企业的财务系统。通过前期信息收集发现,目标企业的外网开放系统非常少,也没有什么可利用的漏洞,很难通过打点的方式进入其内网。

不过他通过上网搜索及使用开源社工库,收集到一批目标企业的员工邮箱列表。掌握这批邮箱列表后,他便根据已泄露的密码规则,如 123456、888888 等常见弱密码,与用户名相同的密码等,生成了一份弱密码字典,再利用 hydra 等工具进行暴力破解,成功破解了一名员工的邮箱密码。

小 D 分析该员工来往邮件发现，该员工为 IT 技术部员工。查看该邮箱的发件箱，小 D 看到他曾发过的一封邮件，内容如下。

标题：关于员工关掉 445 端口及 3389 端口的操作流程

附件：操作流程.zip

小 D 决定浑水摸鱼，在此邮件的基础上进行改造，构造钓鱼邮件如下。

标题：关于员工关掉 445 端口及 3389 端口的操作补充

附件：操作流程补充.zip（带有木马的压缩文件）

为提高攻击成功率，通过对目标企业员工的分析，小 D 决定对财务部门及几个与财务相关的部门进行邮件群发。

小 D 发送了一批邮件，有好几名员工被骗上线，打开了附件。小 D 控制了更多的主机，继而控制了更多的邮箱。在钓鱼邮件的制作过程中，小 D 灵活地根据目标角色和特点来构造邮件。例如，在查看邮件的过程中，他发现了如下邮件：

尊敬的各位领导和同事，发现钓鱼邮件，内部定义为 19626 事件，请大家注意邮件附件后缀".exe、.bat"……

小 D 同样采用浑水摸鱼的策略，利用以上邮件，构造以下邮件继续钓鱼。

尊敬的各位领导和同事，近期发现大量钓鱼邮件，以下为检测程序……

附件：检测程序.zip（带有木马的压缩文件）

通过不断地获取更多的邮箱权限、系统权限，小 D 最终成功突破目标系统。

2. 声东击西——混淆流量，躲避侦察

在有蓝队参与的实战攻防演习中，红队与蓝队通常会进行对抗。实施 IP 封堵与绕过、WAF 拦截与绕过、WebShell 查杀与免杀，红队与蓝队之间通常会展开一场没有硝烟的战争。

小 Y 团队就遭遇了这样一件事：刚刚创建的据点几个小时内就被阻断了，刚刚上传的 WebShell 过不了几个小时就被查杀了。他们打到哪儿，对方就根据流量威胁审计跟到哪儿，不厌其烦，他们始终在目标的外围打转。

没有一个可以维持的据点，就没办法进一步开展内网突破。小 Y 团队开展了一次头脑风暴，归纳分析了流量威胁审计的天然弱点，以及蓝队的人员数量及技术能力，制定了一套声东击西的攻击方案。

具体方法是：同时寻找多个能够直接获取权限漏洞的系统，正面大流量进攻

某个系统，吸引火力，侧面尽量减少流量，直接拿权限，并快速突破内网。

为此，小 Y 团队先通过信息收集发现目标企业的某个外网 Web 应用，并通过代码审计开展漏洞挖掘工作，成功发现多个严重的漏洞。另外发现该企业的一个营销网站，通过开展黑盒测试，发现其存在文件上传漏洞。

小 Y 团队兵分两路，除小 Y 外的所有其他成员主攻营销网站，准备了许多分属不同网段的据点，不在乎是否被发现，也不在乎是否被封堵，甚至连漏洞扫描器都用上了，力求对流量威胁分析系统进行一次规模浩大的冲击，让对方的防守人员忙于分析和应对；而自己则悄无声息地用不同的 IP 地址和浏览器对 Web 应用网站开展渗透，力求用最少的流量攻破服务器，让威胁数据湮没在对营销网站的攻击中。

通过这样的攻击方案，小 Y 团队同时攻破了营销网站和 Web 应用网站，但是在营销网站的操作更多，包括关闭杀毒软件、提权、安置后门程序、批量进行内网扫描等；同时在 Web 应用网站利用营销网站上获得的内网信息，直接建立据点，开展内网渗透操作。

很快，营销网站就下线了，对方开始根据流量开展分析、溯源和加固工作；而此时小 Y 已经在 Web 应用网站上搭建了 frp socks 代理，用内网横向移动拿下多台服务器，使用多种协议木马，备份多个通道来稳固权限，以防被发现。连续几天，小 Y 团队的服务器权限再未丢失，通过继续渗透，攻破域管理员、域控服务器，最终攻破工控设备权限和核心目标系统。

在渗透收尾的后期，小 Y 团队通过目标企业安全信息中心的员工邮箱看到，该企业依旧在对营销网站产生的数据告警做分析并上报防守战果，然而此时该企业的目标系统其实早已经被攻破了。

3. 李代桃僵——旁路攻击，搞定目标

其实在工作过程中，红队也碰到过很多奇怪的事情。例如，有的蓝队将整个网站的首页替换成了一张截图；有的蓝队将所有数据传输接口全部关闭了，然后采用 Excel 表格的方式实现数据导入；有的蓝队对内网目标系统的 IP 地址做了限定，仅允许某个 IP 地址访问等。

小 H 团队就遇到了类似的一件事：目标企业把外网系统都关了，甚至在邮件系统中都做了策略，基本上没有办法实现打点。

为此，小 H 团队通过信息收集，决定采取"李代桃僵"的策略。既然母公司不能搞定，那就去搞定子公司。然而在工作过程中他们发现，子公司也做好了防护。既然子公司不能搞定，那就去搞定子公司的子公司，即"孙公司"。

于是，小 H 团队从孙公司下手，利用 SQL 注入+命令执行漏洞成功进入孙公司 A 的 DMZ 区，利用内网横向移动控制了孙公司 A 的域控服务器、DMZ 服务器。在稳固权限后，他们尝试收集目标系统的内网信息、子公司信息，虽然未发现目标系统信息，但发现孙公司 A 可以连通子公司 B。

小 H 团队决定利用孙公司 A 的内网对子公司 B 展开攻击。利用 Tomcat 弱密码+上传漏洞的方法进入子公司 B 的内网，利用该服务器导出的密码在内网中横向移动，继而拿下子公司 B 的多台域服务器，并在杀毒服务器中获取到域管理员的账号、密码，最终获取子公司 B 的域控服务器权限。

小 H 团队在子公司 B 内做信息收集时发现：目标系统托管在子公司 C 中，子公司 C 单独负责运营维护，而子公司 B 中有 7 名员工与目标系统存在业务往来，7 名员工大部分时间在子公司 C 办公，但办公计算机资产属于子公司 B，加入了子公司 B 的域，且经常被带回子公司 B。

根据收集到的情报信息，小 H 团队以子公司 B 的 7 名员工作为切入点，待其接入子公司 B 的内网时，利用域控服务器权限在其计算机中种植木马后门。待其接入子公司 C 的内网时，继续通过员工计算机实施内网渗透，并获取子公司 C 的域控服务器权限。他们根据日志分析，锁定了目标系统管理员的计算机，继而获取目标系统管理员的登录账号、密码，最终获取目标系统权限。

6.1.5 红队眼中的防守弱点

红队在实战工作中发现，各行业的安全防护工作具备如下弱点。

1. 资产混乱、隔离策略不严格

除大型银行之外，很多行业自身资产情况比较混乱，没有严格的访问控制策略，且办公网和互联网之间大部分相通，可以直接使用远程控制程序上线。

除大型银行与互联网行业外，很多行业在 DMZ 区和办公网之间不做或很少做隔离，网络区域划分也不严格，给了红队很多可乘之机。

此外，几乎所有行业的下级单位和上级单位的业务网都可以互通。而除大型银行之外，很多行业的办公网也大部分完全相通，缺少必要的分区隔离。所以，红队往往可以轻易地实现从子公司入侵母公司，从一个部门入侵其他部门的策略。

2. 通用中间件未修复漏洞较多

目前，WebLogic、WebSphere、Tomcat、Apache、Nginx、IIS 等中间件都在使用中。WebLogic 应用比较广泛，因存在反序列化漏洞，所以常常会成为打点和内网渗透的目标。所有行业基本上都有对外开放的邮件系统，红队可以针对邮件系统漏洞，如跨站漏洞、XXE 漏洞等，来开展有针对性的攻击，也可以通过钓鱼邮件和鱼叉邮件来开展社工工作。

3. 边界设备成为进入内网的缺口

从边界设备来看，大部分行业都会搭建 VPN 设备，红队可以利用 VPN 设备的 SQL 注入、加账号、远程命令执行等漏洞开展攻击，也可以采取钓鱼邮件、暴力破解等方式取得账号权限，最终绕过外网打点环节，直接进入内网，实施横向移动。

4. 内网管理设备成为扩大战果的突破点

从内网系统和防护设备来看，大部分企业都有堡垒机、自动化运维系统、虚拟化系统、邮件系统和域环境，虽然这些是安全防护的集中管理设备或系统，但往往由于缺乏定期的维护升级，反而可以作为红队进行权限扩大的突破点。

6.2　蓝队视角下的防御体系构建

6.2.1　蓝队：防守方

蓝队一般是以防守单位现有的网络安全防护体系为基础，在实战攻防演习期间组建的防守队伍。蓝队的主要工作包括前期的安全检查、整改与加固，演习期间的网络安全监测、预警、分析、验证、处置，后期的复盘总结。

网络安全实战攻防演习时，蓝队通常会在日常安全运维工作的基础上，以实战思维进一步加强安全防护措施、提升管理规格、扩大威胁监控范围、完善监测与防护手段、增加安全分析频率、提高应急响应速度、提升防守能力。

特别需要说明的是，蓝队不是由演习中目标系统运营单位一家组成的，而是由目标系统运营单位、安全运营团队、攻防专家、安全厂商、软件开发商、网络运维队伍、云提供商等多方组成的。

下面给出组成蓝队的各个团队在演习中的角色与分工情况。

目标系统运营单位：负责整体的指挥、组织和协调。

安全运营团队：负责整体防护和攻击监控。

攻防专家：负责对安全监控中发现的可疑攻击进行分析研判，指导安全运营团队、软件开发商进行漏洞整改。

安全厂商：负责对自身产品的可用性、可靠性和防护监控策略进行调整。

软件开发商：负责对自身系统进行安全加固、监控，配合攻防专家对发现的安全问题进行整改。

网络运维队伍：负责配合攻防专家进行网络架构安全、出口整体优化、网络监控、溯源等工作。

云提供商（如有）：负责自身云系统的安全加固，以及对云系统的安全性进行监控，同时协助攻防专家对发现的问题进行整改。

特别地，作为蓝队，了解对手（红队）非常重要。只有从红队的角度出发，了解红队的思路与打法，并结合本单位的实际网络环境、运营管理情况，制定相应的技术防御和响应机制，才能在防守过程中争取主动权。

6.2.2 防守的三个阶段

无论是常态化的一般网络攻击，还是有组织、有规模的高级攻击，对于防守单位而言，都是对其网络安全防御体系的直接挑战。在实战环境中，蓝队需要按照备战、实战和战后三个阶段来开展安全防护工作。

1. 备战阶段——不打无准备之仗

在实战开始之前，蓝队首先应当充分了解自身安全防护状况与存在的不足，从管理组织架构、技术防护措施、安全运维处置等方面进行安全评估，确定自身的安全防护能力和工作协作的默契程度，为后续工作提供能力支撑。这就是备战阶段的主要工作。

在实战环境中，蓝队往往会面临技术、管理和运营等多方面的限制。技术方面：基础能力薄弱、安全策略不当和安全措施不完善等问题普遍存在；管理方面：制度缺失、职责不明、应急响应机制不完善等问题也很常见；运营方面：资产梳理不清晰、漏洞整改不彻底、安全监测分析与处置能力不足等问题随处可见。这些不足往往会导致蓝队的整体防护能力存在短板，对安全事件监测、预警、分析和处置的效率低下。

针对上述情况，蓝队在演习之前，需要从以下几个方面进行准备与改进。

（1）技术方面

为了及时发现安全隐患和薄弱环节，需要有针对性地开展自查工作，并进行安全加固，内容包括系统资产梳理、安全基线检查、网络安全策略检查、Web安全检测、关键网络安全风险检查、安全措施梳理和完善、应急预案完善与演练等。

（2）管理方面

一是建立合理的安全组织架构，明确工作职责，建立具体的工作小组，同时结合工作小组的责任和内容，有针对性地确定工作计划、技术方案及工作内容，责任到人、明确到位，按照工作计划进行进度和质量的把控，确保管理工作落实到位，技术工作有效执行；二是建立有效的工作沟通机制，通过安全可信的即时通信工具建立实战工作指挥群，及时发布工作通知，共享信息数据，了解工作情况，实现快速、有效的工作沟通和信息传递。

（3）运营方面

成立防护工作组并明确工作职责，责任到人，开展并落实技术检查、整改及安全监测、预警、分析、验证和处置等运营工作，加强安全技术防护能力。完善安全监测、预警和分析措施，建立完善的安全事件应急处置机构和可落地的流程机制，提高事件的处置效率。同时，所有的防护工作（包括安全监测、预警、分析、验证、处置和后续的整改加固）都必须以发现安全威胁、漏洞隐患为前提开展。其中，全流量安全威胁检测分析系统是防护工作的关键节点，应以此系统为核心，有效地开展相关防护工作。

2. 实战阶段——全面监测、及时处置

红蓝双方在实战阶段正式展开全面对抗。蓝队须依据备战阶段明确的组织和职责，集中精力，做到监测及时、分析准确、处置高效，力求系统不破、数据不失。

在实战阶段，从技术角度总结，蓝队应重点做好以下三点。

（1）做好全局性分析研判工作

在实战防护中，分析研判应作为核心环节，分析研判人员要具备攻防技术能力，熟悉网络和业务。分析研判人员作为整个防护工作的大脑，应充分发挥作用，向前，对监测人员发现的攻击预警进行分析、确认并溯源，向后，指导并协助事件处置人员对确认的攻击进行处置。

（2）全面布局安全监测手段

安全监测须尽量做到全面覆盖，在网络边界、内网区域、应用系统、主机系统等方面全面布局安全监测手段。同时，除使用 IDS、WAF 等传统的安全监测手段外，尽量多使用天眼全流量威胁检测、网络分析、蜜罐、主机加固等手段，只要不影响业务，监测手段越多元化越好。

（3）提高事件处置效率

在安全事件发生后，最重要的是在最短时间内采取技术手段遏制攻击、防止攻击蔓延。在事件处置环节，应联合网络、主机、应用和安全等多个岗位的人员协同处置。

3. 战后整顿——实战之后的改进

演习的结束也是防护工作改进的开始。在实战工作完成后，应进行充分、全面的复盘分析，总结经验教训；应对备战、实战阶段各环节的工作进行全面复盘，包括工作方案、组织管理、工作启动会、系统资产、安全自查及优化、基础安全监测与防护设备的部署、安全意识、应急预案及演习、注意事项等方面。

针对复盘中暴露出的不足，如管理不完善、安全措施和策略不完善、协调处置不畅通、人员队伍技术能力不高等方面，应进行立即整改，完善安全防护措施，优化安全策略，强化人员队伍技术能力，有效提升整体网络安全防护水平。

6.2.3　应对攻击的常用策略

未知攻，焉知防。如果企业安全部门不了解攻击者的攻击思路、常用手段，有效的防守将无从谈起。从攻击者实战视角去加强自身防护能力，将是未来的主流防护思想。

红队一般会在前期收集情报、寻找突破口、建立突破据点；在中期横向移动打内网，尽可能多地控制服务器或直接打击目标系统；在后期删日志、清工具、写后门，建立持久的控制权限。针对红队的常用方法，蓝队应对攻击的常用策略可总结为防微杜渐、收缩战线、纵深防御、核心防护、洞若观火等。

1. 防微杜渐：防范被踩点

红队首先会通过各种渠道收集防守单位的各种信息，收集的情报越详细，攻击则会越隐蔽、越快速。蓝队前期要尽量防止本单位敏感信息暴露在公共信息平台上，提高相关人员安全意识，避免将带有敏感信息的文件上传至公共信息平台。

社工也是红队进行信息收集的重要手段，蓝队要定期对信息部门的重要人员进行安全意识培训，如不要随便点开来路不明的邮件附件，不要随便添加未经身份确认的好友。此外，安全运营部门应定期在一些信息披露平台中搜索本单位敏感词，查看是否存在敏感文件泄露情况。

2. 收缩战线：收敛暴露面

门用于防盗，但窗户没关严也会被小偷利用。红队往往不会正面攻击防护较好的系统，而会找一些可能连蓝队自己都不知道的薄弱环节下手。这就要求蓝队一定要充分了解自己暴露在互联网上的系统、端口、后台管理系统、与外单位互联的网络路径等信息。哪方面考虑不到位、哪方面往往就很可能成为被攻破的点。暴露面越多，越容易被红队"声东击西"，最终导致顾此失彼，眼看着被攻击，却无能为力。结合多年的防守经验，可从如下几方面实施防护。

（1）攻击路径梳理

网络不断变化、系统不断增多，往往会产生新的网络边界和新的系统。蓝队一定要定期梳理自己的网络边界和可能被攻击的路径，尤其是内部系统全国联网的单位，更要注重此项梳理工作。

（2）互联网暴露面收敛

一些系统维护者为了方便，往往会把维护的后台、测试系统和端口私自开放，方便维护的同时也方便了攻击者实施攻击。红队最喜欢攻击的 Web 服务就是网站后台及安全状况比较差的测试系统。蓝队须定期检测如下内容：开放在互联网上的管理后台、开放在互联网上的测试系统、无人维护的僵尸系统、拟下线但未下线的系统、未纳入防护范围的互联网开放系统。

（3）外部接入网络梳理

如果正面攻击不成功，红队往往会选择攻击供应商、下级单位、业务合作单位等与目标单位有业务联系的其他单位，通过这些单位直接绕到目标系统内网。蓝队应对这些外部接入网络进行梳理，那些未经过安全防护设备就直接连进来的单位，应先让其连接防护设备，再让其接入内网。

（4）隐蔽入口梳理

API、VPN、无线网络这些入口往往会被安全人员忽略，这往往是红队最喜欢的入口，一旦攻破就畅通无阻。安全人员一定要梳理 Web 服务中的隐藏 API、不用的 VPN、无线网络账号等，进行重点防守。

3. 纵深防御：立体防渗透

前期工作做完后，真正的防守考验就来了。防守单位在互联网上的冠名网站、接口、VPN 等必然会成为红队的首要目标。一旦突破一个点，红队会迅速进行横向移动，争取控制更多的主机，同时试图建立多条隐蔽隧道，巩固成果，使蓝队顾此失彼。

此时，战争中的纵深防御理论就适用于网络防守。互联网端防护、访问控制措施（安全域间，甚至每台机器之间）、主机防护、集权系统防护、无线网络防护、外部接入网络防护，这些都需要考虑。蓝队要通过层层防护，尽量拖慢红队扩大战果的时间，将损失降至最小。

（1）互联网端防护

互联网作为防守单位最外部的接口，是重点防护区域。互联网端的防护工作可通过部署网络防护设备和开展攻击检测两方面进行。需部署的网络防护设备包括下一代防火墙、防病毒网关、全流量分析设备、防垃圾邮件网关、WAF（云WAF）、IPS 等。在攻击检测方面，如果有条件，可以事先对互联网系统进行一次完整的渗透测试，检测互联网系统的安全状况，查找存在的漏洞。

（2）访问控制措施

互联网及内部系统、网段和主机的访问控制措施，是阻止红队打点、内部横向移动的最简单有效的防护手段。蓝队应依照"必须"原则，只给必须使用的用户开放访问权限，按此原则梳理访问控制策略，禁止私自开放服务或者内部全通的情况出现，通过合理的访问控制措施尽可能地为红队制造障碍。

（3）主机防护

红队从突破点进入内网后，首先要做的就是攻击同网段主机。主机防护强度直接决定了红队内网攻击的效果。蓝队应从以下几个方面对主机进行防护：关闭没用的服务、修改主机弱密码、高危漏洞打补丁（包括装在系统上的软件高危漏洞）、安装主机和服务器安全软件、开启日志审计。

（4）集权系统防护

集权系统是红队最喜欢攻击的内部系统。一旦集权系统被攻破，则集权系统控制的主机可同样视为已被攻破。集权系统是内部防护的重中之重。蓝队一般可从以下方面做好防护：集权系统主机安全、集权系统访问控制、集权系统配置安全、集权系统安全测试、集权系统已知漏洞加固、集权系统弱密码修改等。

（5）无线网络防护

不安全的开放无线网络也有可能成为红队的突破点。无线网络与业务网络应分开，建议对无线网络的接入采用强认证方式。

（6）外部接入网络防护

如果存在外部业务网络接入，建议对接入的网络按照互联网防护思路部署安全设备，并对接入的网络进行安全检测，确保接入网络的安全性，防止红队通过这些网络进行旁路攻击。

4. 核心防护：找到关键点

核心目标系统是红队的重点攻击目标，也应重点防护。蓝队需要重点梳理：目标系统和哪些业务系统有联系？目标系统的哪些服务或接口是开放的？传输方式如何？梳理得越细越好。同时还需针对重点目标系统做一次交叉渗透测试，充分检验目标系统的安全性。应协调目标系统技术人员及专职安全人员，专门对目标系统的进出流量、中间件日志进行安全监控和分析。

5. 洞若观火：全方位监控

任何攻击都会留下痕迹。红队会尽量隐藏痕迹，防止被发现；而蓝队恰好相反，需要尽早发现攻击痕迹，并通过分析攻击痕迹调整防守策略，溯源攻击路径，甚至对可疑攻击源进行反制。全方位的安全监控体系是蓝队有力的武器，有效的安全监控体系涉及以下几个方面。

（1）全流量网络监控

任何攻击都要通过网络，并产生网络流量。攻击数据和正常数据肯定是不同的，通过全网络流量去捕获攻击行为是目前有效的安全监控方式。蓝队通过全流量安全监控设备，结合安全人员的分析，可快速发现攻击行为，并提前做出有针对性的防守动作。

（2）主机监控

任何攻击最终都会落到主机（服务器或终端）上。通过部署合理的主机安全软件，结合全流量网络监控措施，可以更清晰、准确、快速地找到红队的真实目标主机。

（3）日志监控

对系统和软件的日志监控同样必不可少。日志监控是帮助蓝队分析攻击路径的一种有效手段。红队攻击成功后，打扫战场的首要任务就是删除日志，或者切断主机日志的外发，以防止蓝队追踪。蓝队应建立一套独立的日志分析和存储机制，对于重要的目标系统，可派专人对其系统日志和中间件日志进行恶意行为监控分析。

（4）情报监控

红队可能会用 0day 或 Nday 漏洞来攻击目标系统，穿透所有防守和监控设备，蓝队对此往往无能为力。防守单位可通过与更专业的安全厂商合作，建立漏洞通报机制，安全厂商应将检测到的与防守单位信息资产相关的 0day 或 Nday 漏洞快速通报给防守单位。防守单位应根据获得的情报，参考安全厂商提供的解决方案，迅速自查，将损失降低到最小。

6.2.4　建立实战化的安全体系

安全对抗是个动态的过程。业务在发展，网络在变化，技术在变化，人员在变化，攻击手段也在不断变化。网络安全没有"一招鲜"的方式，安全人员需要在日常工作中不断积累，不断创新，不断适应变化。面对随时可能威胁系统的各种攻击，蓝队不能临阵磨枪、仓促应对，必须立足根本，打好基础，加强安全建设，优化安全运维，并针对各种攻击事件采取重点防护。蓝队不应以"修修补补，哪里出问题堵哪里"的思维来解决问题，而应未雨绸缪，从管理、技术、运营等方面建立实战化的安全体系，有效应对实战环境下的安全挑战。

1. 认证机制逐步向零信任体系演进

从实战的结果来看，传统网络安全边界正在被瓦解，大量的攻击手段导致防守单位网络安全防护措施难以达到效果，网络是不可信任的。在这种情况下，应该将关注点从"攻击面"向"保护面"转移，而"零信任"就是从"保护面"出发，解决安全问题，提高防御能力的一种新思路。

零信任体系对传统边界安全架构思想进行了重新评估和审视，并对安全架构思路给出了新的建议，其核心思想是：默认情况下不应该信任网络内部和外部的任何人、设备和应用，需要基于认证和授权重构访问控制的信任基础。零信任体系对访问控制进行了范式上的颠覆，引导安全体系架构从网络中心化走向身份中心化，其本质诉求是以身份为中心进行访问控制。

零信任体系会将访问控制权从边界转移到个人设备与用户上，打破传统边界防护思维，建立以身份为信任基础的机制，遵循先验证设备和用户、后访问业务的原则，不再自动信任内部或外部的任何人、设备和应用，在授权前对任何试图接入网络和访问业务的人、设备或应用都进行验证，并提供动态的细粒度访问控制策略，以满足最小权限原则。

零信任体系把防护措施建立在应用层面，构建从访问主体到客体之间端到端的、最小授权的业务应用动态访问控制机制，极大地收缩了攻击面。零信任体系在实践机制上拥抱灰度，兼顾难以穷尽的边界情况，最终以安全与易用平衡的持续认证，改进原有固化的一次性强认证，以基于风险和信任持续度量的动态授权替代简单的二值判定静态授权，以开放智能的身份治理，优化封闭僵化的身份管理，提升了对内外部攻击和身份欺诈的发现与响应能力。我们建议防守单位的网络安全基础架构逐步向零信任体系演进。

2. 建立面向实战的纵深防御体系

攻防是不对称的，通常情况下，攻击只需要撕开一个口子，就会有所"收获"，甚至可以通过攻击一个点，拿下一座"城池"；对于防守工作来说，考虑的却是安全工作的方方面面，仅关注某个或某些防护点，已经满足不了防护需求。在实战攻防演习过程中，红队或多或少还有些攻击约束，但真实的网络攻击则完全无拘无束，与实战攻防演习相比，真实的网络攻击通常更加隐蔽且强大。

应对真实的网络攻击，仅建立合规的安全体系是远远不够的。随着云计算、大数据、人工智能等新型技术的广泛应用，信息基础架构变得更加复杂，传统的安全思想已越来越难以适应安全保障能力的要求。必须通过新思想、新技术、新方法，从体系化的规划和建设角度，建立纵深防御体系，整体提升面向实战的防护能力。

从实战角度出发，应对现有安全架构进行梳理，以安全能力建设为核心，面向主要风险重新设计企业整体安全架构，通过多种安全能力的组合和结构性设计，形成真正的纵深防御体系，并努力将安全工作前移，确保安全与信息化"三同步"（同步规划、同步建设、同步运营），建立起具备实战防护能力，能够有效应对高级威胁，持续迭代演进的安全防御体系。

3. 强化行之有效的威胁监测手段

在实战攻防对抗中，监测分析是发现攻击行为的主要方式，在第一时间发现攻击行为，可为应对和响应处置提供及时支撑，威胁监测手段在防护工作中至关重要。对多个单位安全防护工作进行总结分析发现，威胁监测手段方面存在的问题主要包括：

- 没有针对全流量威胁进行监测，导致分析溯源工作无法开展；
- 有全流量威胁监测手段，但流量覆盖不完全，存在监测盲区；
- 只关注网络监测，忽视主机层面的监测，当主机发生异常时不易察觉；
- 缺乏对邮件的安全监测，使得钓鱼邮件、恶意附件在网络中畅通无阻；
- 没有变被动为主动，缺乏蜜罐等技术手段，无法捕获攻击及进一步分析攻击行为。

针对上述问题，应强化行之有效的威胁监测手段，建立以全流量威胁监测分析为"大脑"，以主机监测、邮件安全监测为"触角"，以蜜罐监测为"陷阱"，以失陷检测为辅助手段的全方位安全监测机制，更加有效地满足实战环境下的安全防守要求。

4. 建立闭环的安全运营模式

分析发现，凡是日常安全工作做得较好的单位，基本都能够在实战攻防演习时较快地发现攻击行为，各部门之间能够按照约定的流程，快速完成事件处置，在自身防护、人员协同等方面较好地应对攻击。

反之，日常安全工作做得较差的单位，大多都会暴露出如下问题：很多基础性工作没有开展，缺少相应的技术保障措施，自身防护能力欠缺；日常安全运维不到位，流程混乱，各部门人员配合难度大。这些问题导致攻击行为不能被及时监测，攻击者来去自由；即便好不容易发现了攻击行为，也往往会因资产归属不清、人员配合不顺畅等因素，造成处置工作进度缓慢。这就给了攻击者大量的可乘之机，最后的结果往往是目标系统轻而易举地被攻破。

所以，企业和机构应进一步做好安全运营工作，建立闭环的安全运营模式，具体如下。

- 通过内部威胁预测、外部威胁情报共享，定期开展暴露资产发现、安全检查等工作，达到预测攻击，及时预防的目的。
- 通过开展安全策略优化、安全基线评估加固、系统上线安全检查、安全产品运维等工作，提升威胁防护能力。
- 通过全流量风险分析、应用失陷检测、渗透测试、蜜罐诱导等手段，对安全事件进行持续检测，减少威胁停留时间。
- 通过开展实战攻防演习，进行安全事件研判分析，规范安全事件处置流程，对安全事件进行及时控制，形成快速响应和处置机制。

闭环的安全运营模式非常重视人的作用，因此应配备专门的人员来完成监控、分析、响应、处置等重要环节的工作，在日常工作中应让所有参与人员熟悉工作流程、协同作战，使得团队不断锻炼，只有这样，在实战时才能从容面对各类挑战。

安全防御能力的形成并非是一蹴而就的，单位管理者应重视安全体系建设，建立起"以人员为核心、以数据为基础、以运营为手段"的安全运营模式，逐步形成威胁预测、威胁防护、持续检测、响应处置的闭环流程，打造"四位一体"的闭环模式，通过日常网络安全建设和运营的日积月累，建立起相应的技术、管理、运营体系，形成面向实战的安全防御能力。

6.3　紫队视角下的实战攻防演习组织

6.3.1　紫队：组织方

紫队在实战攻防演习中，以组织方的角色开展演习的整体组织协调工作。

紫队组织红队实施攻击，组织蓝队实施防守，目的是通过演习检验防守单位的安全威胁应对能力、攻击事件检测发现能力、事件分析研判能力和事件响应处置能力，提升防守单位的安全实战能力。

下面对实战攻防演习的要素、形式和关键点分别进行介绍。

1. 实战攻防演习的要素

组织一次实战攻防演习的要素包括组织单位、演习技术支撑单位、攻击队伍（红队）、防守队伍（蓝队）四个部分，如图 6-1 所示。

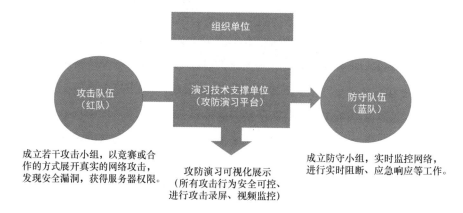

图 6-1　实战攻防演习的要素

组织单位负责总体把控、资源协调、演习准备、演习组织、专家评审、裁判打分、演习总结、落实整改等工作。

演习技术支撑单位提供相应的技术支撑和保障，实现攻防演习平台的搭建。

红队一般由多家安全厂商独立组队，在获得授权的前提下，以资产探查、工具扫描和人工渗透为主进行渗透攻击，以获取演习目标系统的权限和数据。

蓝队主要负责对所管辖的资产进行防护，在演习过程中尽可能不被红队拿到权限和数据。

2. 实战攻防演习的形式

实战攻防演习的形式主要有以下两种。

由国家、行业主管部门、监管机构组织的演习。此类演习一般由各级公安机关、网信部门或金融、交通、卫生、教育、电力等行业的主管部门或监管机构组织开展，针对行业关键信息基础设施和重要系统，组织攻击队伍及行业内各企业和机构进行演习。

由大型企事业单位自行组织的演习。此类演习一般针对业务安全防御体系建设的有效性验证需求，组织攻击队伍及企事业单位进行演习。

3. 实战攻防演习的关键点

实战攻防演习的组织工作涉及演习范围、演习周期、演习场地、演习设备、红队组建、蓝队组建、演习规则制定、演习视频录制等多个方面。

演习范围：优先选择重点（非涉密）业务系统及网络。

演习周期：结合实际业务，建议为 1～2 周。

演习场地：依据演习规模选择相应的场地，应可以容纳指挥部、红队、蓝队，三方场地应分开。

演习设备：搭建攻防演习平台和视频监控系统，为红队配发专用计算机等。

红队组建：选择参演单位自有人员或聘请第三方安全厂商专业人员。

蓝队组建：以各参演单位自有安全技术人员为主，以第三方安全厂商专业人员为辅。

演习规则制定：演习前明确制定攻击规则、防守规则和评分规则，保障攻防过程有理有据，避免攻击过程对业务运行造成不必要的影响。

演习视频录制：录制视频，记录演习的全过程，视频可作为演习汇报材料及网络安全教育素材，视频内容包括演习工作准备、红队攻击过程、蓝队防守过程及裁判组评分过程等。

6.3.2　实战攻防演习组织的四个阶段

实战攻防演习组织可分为四个阶段。

组织策划阶段：此阶段明确演习最终实现的目标，组织策划演习的各项工作，形成可落地、可实施的实战攻防演习方案，并得到领导认可。

前期准备阶段：在已确定方案的基础上开展资源和人员的准备，落实人力、物力、财力。

实战攻防演习阶段：是整个演习的核心，由紫队协调攻防两方及其他参演单位完成演习工作，包括演习启动、演习过程、演习保障等。

演习总结阶段：先恢复所有业务系统至日常运行状态，再进行演习成果汇总，为后期整改提供依据。

1. 组织策划阶段

组织策划阶段非常关键。在组织策划阶段，紫队主要从建立演习组织、确定演习目标、制定演习规则、确定演习流程、搭建攻防演习平台、应急保障措施这六个方面进行合理规划、精心编排，指导后续演习工作的开展。

（1）建立演习组织

为确保演习工作顺利进行，首先成立演习指挥小组、演习工作小组及各实施小组，演习组织的架构通常如图 6-2 所示。

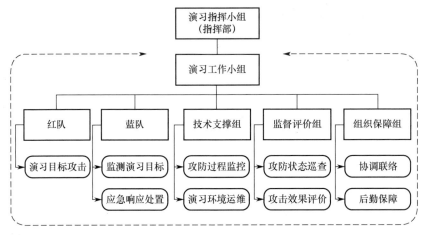

图 6-2 演习组织的架构

演习指挥小组（指挥部）：由组织单位相关部门领导和技术专家共同组成，负责演习工作总体的指挥和调度。

演习工作小组：由演习指挥小组指派的专人构成，负责演习工作的具体实施和保障。下设以下实施小组。

红队：一般由攻击渗透人员、代码审计人员、内网渗透人员等技术人员构成，负责对演习目标实施攻击。

蓝队：负责监测演习目标，发现攻击行为，遏制攻击行为，进行应急响应处置。

技术支撑组：其职责是进行攻防过程整体监控，包括攻防过程实时状态监控、阻断处置操作等，保障攻防演习过程安全、有序开展。演习组织方，即紫队需要负责演习环境运维，维护演习的 IT 环境和攻防演习平台。

监督评价组：包括专家组和裁判组。专家组主要负责对演习整体方案进行研究，在演习过程中对攻击效果进行评价，对攻击成果进行研判，保障演习安全可控。裁判组主要负责在演习过程中对攻击状态和防守状态进行巡查，对红队操作进行把控，对攻击成果判定相应分数，依据公平、公正原则对参演单位给予排名。

组织保障组：负责演习过程中的协调联络和后勤保障，包括演习过程中的应急响应保障、演习场地保障、视频采集等工作。

（2）确定演习目标

依据需要达到的演习效果，对防守单位业务和信息系统进行全面梳理，最终选取、确认演习目标系统。通常会选择关键信息基础设施、重要业务系统、门户网站等作为演习目标。

（3）制定演习规则

依据演习目标，结合实际演习场景，细化攻击规则、防守规则和评分规则。为了提升蓝队的防守能力，可以适当增加蓝队反击得分规则。

演习时间：通常为 5（工作日）×8 小时，视情况还可以安排为 7×24 小时。

沟通方式：即时通信软件、邮件、电话等。

（4）确定演习流程

攻防演习流程一般如图 6-3 所示。

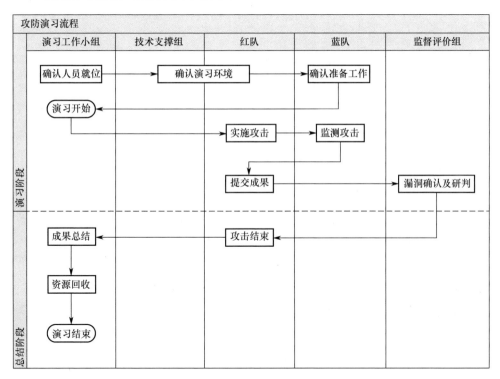

图 6-3　攻防演习流程

确认人员就位：演习工作小组确认红队、蓝队、技术支撑组、监督评价组等按要求到位。

确认演习环境：红队与技术支撑组确认演习现场和攻防演习平台准备就绪。

确认准备工作：蓝队确认目标系统备份情况、目标系统是否正常。

演习开始：各方确认准备完毕，演习正式开始。

实施攻击：红队对目标系统开展网络攻击，记录攻击过程和成果证据。

监测攻击：蓝队利用安全设备对网络攻击进行监测，对发现的攻击行为进行分析确认，详细记录监测数据。

提交成果：演习过程中，红队发现可利用的安全漏洞，将获取的权限和成果截图保存，通过攻防演习平台提交。

漏洞确认及研判：由监督评价组对红队提交的漏洞进行确认，确认漏洞的真实性，并根据演习计分规则进行分数评判。

攻击结束：停止对目标系统的攻击。

成果总结：演习工作小组协调各参演小组，对演习过程中产生的成果、问题、数据进行汇总，形成演习总结报告。

资源回收：演习工作小组负责对各类设备、网络资源进行回收，同时对相关演习数据进行回收，并监督红队清除在演习过程中使用的木马、脚本等数据。

演习结束：演习工作小组进行内部总结汇报，演习结束。

（5）搭建攻防演习平台

为了保证演习过程安全可靠，需搭建攻防演习平台，攻防演习平台包括攻击场地、防守场地、目标系统、指挥大厅、攻击行为分析中心。

攻击场地：攻击场地可分为内部场地和外部场地，应搭建专用的网络环境并配以充足的攻击资源。攻击时，红队在对应的内、外部场地内实施真实网络攻击。应在攻击场地部署演习监控系统，以便技术专家监控攻击行为和流量，确保演习中的攻击行为安全可控。

防守场地：防守场地是蓝队的演习环境，可通过部署演习监控系统，将防守操作回传至指挥大厅。

目标系统：目标系统即蓝队的网络资产系统。蓝队在此系统中开展相应的防护工作。

指挥大厅：在演习过程中，红队和蓝队的实时状态将回传至指挥大厅的监控大屏上，相关领导可以随时进行指导、视察。

攻击行为分析中心：攻击行为分析中心通过网络安全审计设备对红队的攻击行为进行收集及分析，实时监控其攻击过程，由日志分析出攻击步骤，建立完整的攻击场景，直观地反映目标系统受攻击的状况，并通过监控大屏实时展现。

（6）应急保障措施

应急保障措施是指当攻防演习过程中发生不可控突发事件，导致演习中断、终止时，所需要采取的处置措施。需要预先对可能发生的突发事件（如断电、断网、业务停顿等）做出临时处置安排。在攻防演习过程中，一旦攻防演习平台出现问题，蓝队应采取应急保障措施，及时向指挥部报告，由指挥部通知红队在第一时间停止攻击。指挥部应组织攻防双方制定攻防演习应急响应预案，具体预案在演习实施方案中完善。

2. 前期准备阶段

攻防演习要想顺利、高效开展，必须提前做好两项准备工作，一是资源准备，涉及演习场地、演习平台、专用计算机、视频监控、演习备案、演习授权、保密工作及规则制定等；二是人员准备，包括红队、蓝队的组建等。

（1）资源准备

演习场地：监控大屏、办公桌椅、演习会场等的布置。

演习平台：攻防演习平台搭建、红队账户开通、IP 地址分配、蓝队账户开通等。

专用计算机：配备专用计算机，安装安全监控软件、防病毒软件、录屏软件等。

视频监控：部署攻防演习场地办公环境监控，做好物理环境监控保障。

演习备案：向上级主管单位及监管机构进行演习备案。

演习授权：向红队进行正式授权，确保演习工作在授权范围内有序进行。

保密工作：与参与演习工作的第三方人员签署相关保密协议，确保信息安全。

攻击规则制定：攻击规则包括红队的攻击方式、攻击时间、攻击范围、特定攻击事件报备等，明确禁止使用的攻击手段，如能够导致业务瘫痪、信息篡改、信息泄露、潜伏控制的手段。

防守规则制定：防守规则涉及蓝队的监测预警、事件分析、协同研判、响应处置、溯源等工作，例如，防守指挥部、防守通信指挥群的建立，对目标系统的防护与监控情况，分工情况，防守工作机制（包括日报机制、例会机制、沟通机制等），应急预案部署情况等。

评分规则制定：制定相应的评分规则。例如，蓝队的评分项包括发现类、消除类、应急处置类、追踪溯源类、演习总结类等加分项及减分项；红队的评分项包括目标系统、集权类系统、账户信息、关键信息系统等加分项及减分项。

（2）人员准备

红队：组建攻击小组，确定攻击小组数量，每小组参与人员数量建议为3～5人，对人员进行技术能力、背景等方面的审核，签订保密协议，宣贯攻击规则及演习相关要求。

蓝队：组建防守小组，对人员进行技术能力、背景等方面的审核，签订保密协议，宣贯防守规则及演习相关要求。

3. 实战攻防演习阶段

（1）演习启动

召开启动会，部署攻防演习工作，对攻防双方提出明确工作要求，制定相关约束措施，确定相应的应急预案，明确演习时间，宣布演习开始。

启动会的召开是整个演习过程的开始，启动会上需要请相关领导发言，宣布规则、时间、纪律要求，进行攻防双方人员签到与鉴别、抽签分组等工作。启动会约30分钟，应确保会议相关单位及部门领导、人员到位。

（2）演习过程

① 演习监控

红队和蓝队的实时状态及比分状况将通过安全可靠的方式接入指挥大厅监控大屏，领导、裁判、监控人员可以随时进行指导、视察，全程对目标系统的运行状态，红队的攻击行为、攻击成果，蓝队的攻击发现、响应处置进行监控，掌握演习全过程，做到公平、公正、可控。

② 演习研判

对红队及蓝队的成果进行研判，根据红队及蓝队的攻防过程进行评分。对红队的评分标准包括对目标系统造成的实际危害程度、攻击准确性、攻击时间长短及漏洞贡献数量等；对蓝队的评分标准包括发现攻击行为次数、响应流程、防御手段、防守时间长短等。通过多个角度进行综合评分，得出红队及蓝队的最终得分和排名。

③ 演习处置

当演习过程中遇突发事件，蓝队无法有效应对时，应由应急处置人员对蓝队出现的问题进行快速定位、分析，保障攻防演习平台或相关系统的安全稳定运行，实现演习过程安全可控。

④ 演习保障

人员安全保障：演习开始后，每天对攻防双方进行人员鉴别，保障参与人员全程一致，避免出现替换人员的现象，保证演习过程公平、公正。

攻击过程监控：演习开始后，通过攻防演习平台监控红队的攻击行为，并进行网络全流量监控；通过视频监控物理环境及人员，并且每天形成日报，对演习进行总结。

专家研判：专家组通过攻防演习平台开展研判，确认攻击成果和防守成果，判定违规行为等，对红队和蓝队给出准确的裁决。

攻击过程回溯：裁判组通过攻防演习平台核对红队提交的成果与攻击流量，若发现违规行为，应及时处理。

信息通告：建立指挥群，统一发布和收集信息，做到信息快速同步。

资源保障：对设备、系统、网络进行每日例行检查，做好资源保障。

后勤保障：安排演习相关人员合理饮食，在现场预备食物与水。

突发事件应急处置：建立应急团队处置突发事件，确定紧急联系人列表。

4. 演习总结阶段

（1）演习恢复

演习结束后需做好相关保障工作，如收集报告、清除后门、回收账户及权限、回收设备、恢复网络等，确保后续业务正常运行。相关内容如下。

收集报告：收集红队提交的总结报告和蓝队提交的总结报告，并汇总信息。

清除后门：依据红队报告和监控到的攻击流量，对红队上传的后门进行清除。

回收账户及权限：红队提交报告后，回收其所有账户及权限，包括其在目标系统上新建的账户。

回收设备：对红队计算机进行格式化处理。

恢复网络：恢复网络访问权限。

（2）演习总结

演习总结主要包括参演单位编写总结报告，评委专家汇总演习成果，演习全体单位召开总结会议，演习视频编排与宣传等工作。对整个演习进行全面总结，对发现的问题积极开展整改，并开展后期宣传工作，能够体现演习的实用性。

演习总结主要涉及以下内容。

- 汇总攻防双方成果，统计攻防数据，进行评分与排名。
- 参演单位进行总结汇报，组织方对演习进行总体评价，攻防双方进行经验分享，对成绩优异的参演队伍颁发奖杯和证书，针对问题提出改进建议和整改计划。
- 制作攻防演习视频，供内部播放宣传，提高人员安全意识。

（3）整改建议

组织专业技术人员和专家汇总、分析所有攻击数据，进行充分、全面的复盘分析，总结经验教训，对不足之处给出合理整改建议，为防守单位提供有针对性的详细过程分析报告，督促防守单位整改并上报整改结果。防守单位后续应不断优化防护工作，循序渐进地完善防护措施，优化安全策略，强化人员队伍技术能力，整体提升网络安全防护水平。

6.3.3 实战攻防演习风险规避措施

攻防演习前需制定约束措施，规避可能出现的风险，明确提出攻防操作的限定规则，保证攻防演习能够在有限范围内安全开展。

1. 限定目标系统，不限定攻击路径

演习时，可通过多种路径进行攻击，不对所采用的攻击路径进行限定。在攻击路径中发现安全漏洞和隐患时，红队应及时向指挥部报备，不允许对目标系统进行破坏性的操作，避免影响业务系统正常运行。

2. 演习不允许使用拒绝服务攻击

由于演习在真实环境下开展，为不影响目标系统业务的正常开展，除非经指挥部授权，否则红队不允许使用 SYN Flood、CC 等拒绝服务攻击手段。

3. 网页篡改攻击方式说明

演习只允许针对互联网系统或重要应用的一级或二级页面进行篡改，以检验蓝队的应急响应和监测调查能力。演习过程中，红队要围绕目标系统进行攻击渗透，在获取网站控制权限后，需首先请示指挥部，然后才能在指定网页张贴特定图片（由指挥部下发）。如果目标系统的互联网系统防护严密，红队可以将与目标系统关系较为密切的业务应用作为渗透目标。

4. 演习禁止采用的攻击方式

设置禁区的目的是确保通过演习发现的安全问题真实有效。一般来说，演习禁止采用的攻击方式主要有三种。

- 禁止通过收买蓝队人员进行攻击。
- 禁止通过物理入侵、截断外部光纤等方式进行攻击。
- 禁止采用无线电干扰等直接影响目标系统运行的攻击方式。

5. 木马使用要求

木马控制端需使用由指挥部统一提供的软件，红队所使用的木马应不具有自动删除目标系统文件、损坏引导扇区、主动扩散、感染文件、造成服务器宕机等破坏性功能。演习禁止使用具有破坏性和感染性的病毒。

6. 非法攻击阻断及通报

为加强对红队攻击行为的监测，应通过攻防演习平台开展对演习全过程的监督、记录、审计和展现，避免演习影响业务的正常运行。指挥部应组织技术支持单位对攻击全流量进行记录、分析，在发现有不合规的攻击行为时，应阻断非法攻击行为，并转由人工处置，对红队进行通报。

第3部分
Part 3/ 安全发展

第 7 章
网络安全人才培养

网络安全竞争的核心是人才的竞争，维护网络安全，必须加快壮大高素质人才队伍。

网络安全的人才多种多样，包括立法人才、治理人才、战略人才、技术和理论研发人才、安全规划人才、宣传和教育人才、运维人才、防御人才等。网络空间安全专业的人才培养目标是，培养具有扎实的网络安全基础理论和基本技术，系统掌握信息内容安全、网络安全法律、网络安全管理的专业知识，具有较强的中英文沟通能力和写作能力，有技术、懂法律、会谈判的复合型人才。培养的人才为网络安全的立法、治理、战略规划和舆情监管等服务。

7.1 国际网络安全人才培养现状

网络安全人才是国际劳动力市场上紧缺的人才之一。2019 年美国 Burning Glass 的调查显示，网络安全人才紧缺已经是一种普遍现象。2019 年，国际信息系统安全认证协会估计，全球网络安全人才需求的规模大约是 407 万，只有在现有劳动力规模增长 145%的情况下，才能够满足网络安全劳动力市场的需求。

7.1.1 美国网络安全人才队伍建设

2009 年之后，美国网络安全事件频发，因此启动了一系列的工作。

2010 年 4 月，美国启动"国家网络安全教育计划"（NICE），期望通过整体布局和行动，在网络安全常识普及、正规学历教育、职业化培训和认证等方面开展系统化、规范化的强化工作，全面提高国家网络安全能力。

2011 年 8 月，美国国家标准技术研究院（NIST）发布《NICE 战略计划（草案）》，并在网上公开征集意见。

2011 年 9 月，NIST 公布《NICE 网络空间安全人才队伍框架（草案）》，并在网上公开征求意见。

2017 年 5 月，"加强联邦网络和关键基础设施网络安全"行政命令发布。

2017 年 8 月，NIST 公布《NICE 网络安全人才队伍框架》。

2018 年 9 月，美国《国家网络战略》发布，再次强调要把培养卓越的网络安全人才队伍作为国家网络战略的重要目标。

7.1.2 其他国家和地区网络安全人才队伍建设

2012 年 2 月，根据欧盟数字议程旗舰计划的要求，欧盟委员会组织了"网络安全日"活动，由欧洲互联网安全中心（INSAFE）具体实施。欧盟各成员国在欧洲网络和信息安全局（ENISA）的支持下，从 2013 年起，每年组织一次由私营行业参与的"网络安全月"活动，以提高用户的网络安全意识。欧盟 2013 年 2 月发布的《网络安全战略》提出，各成员国要在国家层面重视网络安全方面的教育与培训，学校对计算机科学专业的学生要进行网络安全、网络软件开发及个人数据保护的培训，政府对公务员要进行网络安全方面的培训。

英国在《国家网络安全战略（2016—2021 年）》中把填补网络安全人才缺口明确为一项长期且具有变革意义的目标，并提出将制定专门的网络安全人才技能战略。英国为提高网络安全教育质量和教学水平，满足社会对网络安全人才的需求，加强了高校硕士专业认证。

日本在 2011 年就发布了《保护国民网络安全》文件，提出为提高普通用户的网络安全知识水平，必须培养一批网络安全人才；采用通用人才评估和教育工具、大学与产业合作开发的实用型培养方法等来培养网络安全人才；制定适用各行各业的网络安全人才培养计划，并考虑建立保障中长期网络安全人才候选人的系统。在高等教育方面，日本的综合性大学基本都设有网络安全相关专业，如日本大学、东京大学、早稻田大学等公立大学和日本网络安全大学等私立大学。日本网络安全大学是一所旨在培养网络安全硕士和博士的研究生院，课程包括密码、网络、系统技术、运营管理、法制及伦理等。在社会培训方面，日本文部科学省从 2007 年起开展了"研究与实践结合培养高级网络安全人才"项目，3 所大学与 11 家企业联合开展网络安全人才教育培训，建立了网络安全优秀人才认证制度。

俄罗斯、以色列、澳大利亚、韩国等也高度重视网络安全人才的发展；并通过各种方式加以推进。

7.1.3　国际网络安全认证体系

美国高校及科研机构、专业组织和各大企业都投入到了网络安全的培训和教育中，提供相应的课程，开展各类研讨会并颁发各种培训证书，基本上形成了规模化的网络安全继续教育与培训产业。目前，国际上有很多具有较高权威性和认可度的网络安全认证体系，具体如下。

- 注册信息系统安全师（Certified Information Systems Security Professional，CISSP）认证
- 注册软件生命周期安全师（Certified Secure Software Lifecycle Professional，CSSLP）认证
- 注册网络取证师（Certified Cyber Forensics Professional，CCFP）认证
- 注册信息系统审计师（Certified Information Systems Auditor，CISA）认证
- 注册信息安全经理（Certified Information Security Manager，CISM）认证
- 企业 IT 治理（Certified in the Governance of Enterprise IT，CGEIT）认证
- 风险及信息系统监控（Certified in Risk and Information Systems Control，CRISC）认证
- 道德黑客（Certified Ethical Hacker，CEH）认证
- EC 理事会安全分析师（EC-Council Certified Security Analyst，ECSA）认证
- 授权渗透测试员（Licensed Penetration Tester，LPT）认证
- 首席信息安全官（Certified Chief Information Security Officer，CCISO）认证

综上所述，发达国家致力于制度的建设，以较为完备的法律法规和国家标准引导行业协会和组织建立网络安全的教育和培训机构，引领网络安全人才培养的发展。

7.2　我国网络安全人才培养的现状与问题

7.2.1　我国高度重视网络安全人才

我国教育事业蓬勃发展，为社会主义现代化建设培养、输送了大批高素质人才。

近年来，国家非常重视网络安全人才的培养。2015 年 6 月，为实施国家安全战略，加快网络空间安全高层次人才培养，国务院学位委员会决定在"工学"门类下增设"网络空间安全"一级学科。有 29 所高校获得首批网络空间安全一级学科博士学位授权点。

2016 年 4 月，在网络安全和信息化工作座谈会上，习近平总书记指出，"网络空间的竞争，归根结底是人才竞争。建设网络强国，没有一支优秀的人才队伍，没有人才创造力迸发、活力涌流，是难以成功的。念好了人才经，才能事半功倍""培养网信人才，要下大功夫、下大本钱，请优秀的老师，编优秀的教材，招优秀的学生，建一流的网络空间安全学院。"

2016 年 6 月，中央网信办、发改委、教育部、科学技术部、工业和信息化部及人力资源和社会保障部六部门联合印发了《关于加强网络安全学科建设和人才培养的意见》，要求在已设立网络空间安全一级学科的基础上，加强学科专业建设。发挥学科引领和带动作用，加大经费投入，开展高水平科学研究，加强实验室等建设，完善本专科、研究生教育和在职培训网络安全人才培养体系。有条件的高等院校可通过整合、新建等方式建立网络安全学院。通过国家政策引导，发挥各方面积极性，利用好国内外资源，聘请优秀教师，吸收优秀学生，下大功夫、大本钱创建世界一流网络安全学院。

2016 年 12 月 27 日，经中央网络安全和信息化领导小组批准，国家互联网信息办公室发布《国家网络空间安全战略》，提出实施网络安全人才工程，加强网络安全学科专业建设，打造一流网络安全学院和创新园区，形成有利于人才培养和创新创业的生态环境。

《网络安全法》第二十条将培养网络安全人才确定为一项基本法律制度，指出"国家支持企业和高等学校、职业学校等教育培训机构开展网络安全相关教育与培训，采取多种方式培养网络安全人才，促进网络安全人才交流。"

2017 年 8 月，《一流网络安全学院建设示范项目管理办法》发布，决定在 2017—2027 年期间实施一流网络安全学院建设示范项目。项目的总体思路和目标是：以习近平总书记关于网络安全重要指示为指引，以建设世界一流网络安全学院为主要目标，以探索网络安全人才培养新思路、新体制、新机制为主要内容，改革创新，先行先试，从政策、投入等多方面采取措施，经过十年左右的努力，形成 4—6 所国内公认、国际上具有影响力和知名度的网络安全学院。

2018 年 10 月,《教育部关于加快建设高水平本科教育 全面提高人才培养能力的意见》明确提出,构建全方位全过程深融合的协同育人新机制,主动布局网络空间安全等战略性新兴产业发展和民生急需相关学科专业。

2019 年,《2019 年教育信息化和网络安全工作要点》印发,提出要提升网络安全人才培养能力和质量。编写《网络空间安全研究生核心课程指南》。加强对有关"双一流"建设高校的指导,继续加强网络空间安全、人工智能相关学科建设。进一步推动落实《关于加强网络安全学科建设和人才培养的意见》和《一流网络安全学院建设示范项目管理办法》,探索网络安全人才培养新思路、新体制和新机制,建设世界一流网络安全学院。实施"卓越工程师教育培养计划 2.0",加快推进网络安全领域新工科建设,推进产学合作协同育人。引导鼓励有条件的职业院校开设网络安全类专业,继续扩大网络安全相关人才培养规模。继续完善职业教育国家教学标准体系,开展第二批高等职业学校专业教学标准修(制)订工作。

7.2.2 我国网络安全人才缺口大

我国高校目前已开设的与网络安全相关的本科专业包括网络空间安全、信息安全、信息对抗技术、保密技术、网络安全与执法。截至 2018 年底,我国有 241 所高校设置网络安全相关专业(共 244 个)。截至 2019 年 5 月,我国有 42 所高校成立了专门的网络空间安全学院或网络空间安全研究院。2018 年,网络安全相关专业共招收本科生 9231 人,比上一年度增加 1259 人,增长率约为 15.8%;共招收硕士研究生 30208 人,增加 9289 人,增长率约为 44.4%;共招收博士研究生 4851 人,增加 728 人,增长率约为 17.7%。另外,非重点高校输出网络安全人才的增长速度高于重点高校。在 2018 年的统计中,输出网络安全人才最多的 10 所高校几乎都是重点高校,而在 2019 年,仅有 3 所重点高校入围。很多非重点高校的出现,说明更多普通型、应用型高校成为网络安全人才的输出重地。

同时,我们也要看到,目前高校培养的网络安全人才数量远远满足不了社会需求。据教育部统计,每年高校培养的网络安全人才数量不足 1.5 万,但近年来网络安全人才需求规模呈大幅增长态势。"智联招聘"的网络安全人才大数据显示,2019 年 6 月的网络安全人才需求规模达到 2016 年 1 月的 24.6 倍,相比 2018 年 7 月,也增长了 3 倍。当前我国网络安全人才数量缺口约为 140 万,其中研究生人才缺口约为 1.4 万、本科人才缺口约为 91.8 万、职业教育人才缺口约为 46.8 万。

7.2.3　职业教育发展迅速

从网络安全人才的教育程度来说，本科学历占较大比重，高达 61.8%；硕士研究生以上学历约占 9.6%；大专学历约占 25.2%；其他约占 3.4%。2019 年网络安全人才与用人单位招聘的学历要求对比如图 7-1 所示。从求职者的学历情况来看，本科学历占比仍旧最高，为 52.8%；其次是大专学历，占 40.2%；硕士研究生学历排第三，占 2.3%；博士研究生学历占比较低，仅为 0.2%。

同时我们注意到，不论是安全机构还是政企机构，普遍急需具有实际操作能力、能够解决实际问题的安全技术人员，而不是只有学术能力、缺乏动手能力的人。

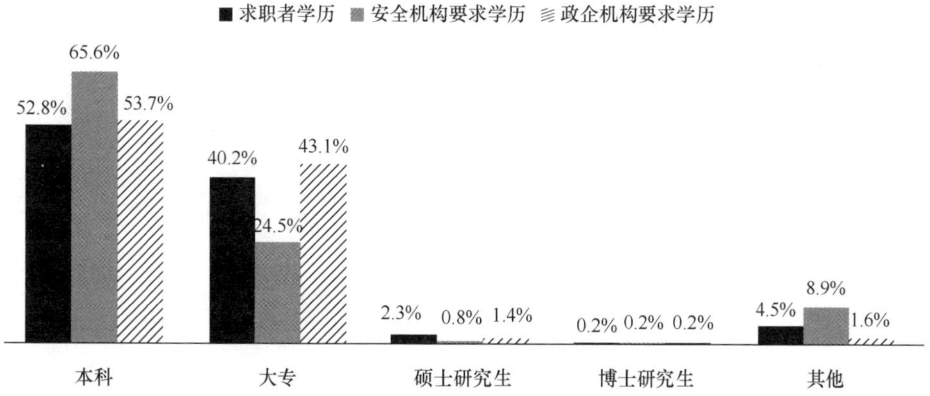

图 7-1　2019 年网络安全人才与用人单位招聘的学历要求对比

2019 年 5 月，国家标准化管理委员会发布了新修订的《信息安全技术 网络安全等级保护基本要求》，其被称为"等级保护 2.0"，其中关于安全管理机构和人员的要求十分明确。以等级保护三级系统为例，"应配备一定数量的系统管理员、审计管理员、安全管理员等"且"应配备专职安全管理员，不可兼任"。这意味着安全管理员将成为企业和机构，特别是大中型重点企业的必需人才。同时，安全运维服务在业界逐步受到重视，用人单位对一线专职运维人员的需求逐渐增长。

安全管理员和一线运维人员具有大专学历的毕业生可以胜任，因此大专学历同样是网络安全人才的主流学历类型。而且随着国家对高职教育的重视，预计未来大专学历的网络安全人才比例将持续增加。

7.2.4 学历教育应更加关注产业界需求

常有安全企业提到：高校网络安全相关专业毕业生无法快速适应实际岗位工作要求，高校毕业生与实际岗位匹配度较低；高校毕业生往往需要经过用人单位一年甚至更长时间的岗位培训才能适应实际工作需求。

究其原因，一是网络安全技术和应用领域的快速更新，使安全风险层出不穷，网络攻击和防护的对抗日益激烈，加剧了网络空间安全人才培养与实际需求的脱离。

二是教育界和产业界虽然共同呼吁产学研合作联合培养人才，然而实际执行效果不佳。企业倾向于"掐尖"网络安全专业优秀毕业生，而部分高校的培养模式滞后于市场需求，缺少有针对性的实习、实训培养体系。

三是网络安全人才培养的基础设施及平台相对匮乏。网络安全属于工科学科，学习时需要进行大量的仿真实践，然而目前建设的实验室远远不能满足实际需求。

综上所述，网络安全行业快速发展，然而企业需求与高校培养体系匹配度欠缺，行业存在人才梯队不完善、人才数量不足、高端人才匮乏等现象。因此，我们需要正视当前网络安全人才培养存在的问题，打破传统人才培养方面的限制，探索适合我国国情的，多方合作的，多层次、多类型的网络安全人才培养体系，加快我国网络安全人才队伍培养步伐，支撑网络强国建设。

7.3 网络安全人才培养模式的探索与创新

网络安全和信息化建设是事关国家安全和发展、事关广大人民群众工作生活的重大战略问题。面对庞大繁杂的网信产业链，我国需要众多高质量的优秀人才。学校和企业都积极地进行了各种网络安全人才培养模式的探索与创新。

7.3.1 高校与安全企业联合培养，深化产教融合

2019 年 7 月，习近平总书记主持召开中央全面深化改革委员会第九次会议。会议指出，深化产教融合，是推动教育优先发展、人才引领发展、产业创新发展的战略性举措。

因此，应促进产业与高校的合作，发挥市场机制配置教育资源的作用，强化

企业需求与高校人才供给的有效衔接，将企业需求融入教育机构人才培养的过程中，形成产业和教育统筹融合、良性互动的发展态势，持续培养更多高素质网络安全人才，解决企业网络安全人才不足的现实发展问题。

为有效提供满足企业发展、结构完善、数量众多的网络安全人才，很多高校与安全企业不断探索，采取创新的方式方法，加深互动，充分发挥各自的能力优势，助力人才培养。

例如，高校与安全企业合作，建立人才共同培养的机制，同时创新性地提出"在实践能力培养方面，与企业共同联合编写优秀教程。"四川、陕西等地某些高校的网络安全学院探索独立自主招生模式，并且与产业界顶尖的安全企业合作，让学生与安全企业"双选"，激发学生毕业后进入安全企业的兴趣。

我们根据教学与产业的实际需求，提出"通用平台（实训仿真平台）+实训中心（网络安全实验室）"的人才培养模式。通用平台贯穿整个网络安全相关专业的职业技能培养和通用能力培养的系统方案，按照产业的实际状况，在校园中营造出与真实工作现场一致的教学环境，开展专业课程教学与职业技能训练。在教学内容上，将企业的技术标准或工程规范引入课程，使课程内容紧密联系企业的工作；在教学方法上，依托综合教学环境，实施理论、实践一体化教学；在实训基地管理上，借鉴现代企业管理方法，为学生的课程营造出企业现场或真实工作的氛围。

7.3.2　建设网络安全人才培养基地

《关于加强网络安全学科建设和人才培养的意见》明确指出，支持网络安全人才培养基地建设，探索网络安全人才培养模式。

为满足大型机构的网络安全运营人才需求，突破网络安全人才短缺的困境，一些有实力的安全企业牵头建立网络安全人才培养基地，联合大中专院校，招收即将毕业以及准备求职相关专业的学员，通过实践培训，使其顺利找到合适的企业入职，最终培养满足用人单位需求的一线网络安全人才，打通人才供应的最后一公里。这种方法不仅实现了企业网络安全人才的自给自足，也为社会贡献了紧缺的网络安全人才。

以奇安信集团建立的绵阳网络安全人才基地为例，该基地于 2018 年 3 月 29 日在中国（绵阳）科技城建立，是奇安信集团基于多年网络安全实践和人才培养、培训实践，以及多年对企业和机构网络安全人才需求和行业发展趋势的把握，对网络安全人才培养的一种模式探索。该基地拥有资深讲师70余人,他们用来自一线的技术和经验,为安全行业"锻造"实战型新生力量。该基地所建立的"管、产、学、用"一体化的协同生态平台,让高校、企业、主管机构和用人单位在"选才、培养、使用"方面紧密协同。

在"绵阳模式"下,通过多层次人才培养和短期定制培训服务,招收高校网络安全相关专业的应届毕业生。在经过安全理论学习和导师指导下的实战训练后,约3~5个月时间结束培养。基地的培养模式还具有"就近培养、就近使用"的特点。首先,基地招收来自周边省市的学员,引导相关专业的毕业生投身于网络安全行业,实现就近培养;其次,毕业的学员可以优先被输送到附近省市用人单位的一线岗位,实现就近使用。截至2019年底,基地累计培养网络安全运营服务工程师1300余人,为众多行业领域的安全运营工作输送了急需的人才,为中国网络安全事业贡献力量。

7.3.3 职业培训与技能认证体系

近年来,国内很多安全企业纷纷面向职业院校和高等院校在校学生开展职业培训和技能认证工作。

1. 网络安全认证工程师体系

网络安全认证工程师体系包括三个方向:安全产品交付的产品技术支持方向、基于客户安全运营人才需求的安全运营方向和基于安全对抗的安全攻防方向。另外,还包括三个级别:网络安全助理工程师(QCCA)、网络安全工程师(QCCP)、网络安全专家(QCCE),如图7-2所示。

2. 金融从业人员网络安全技能认证

安全企业联合中国金融电子化公司,面向金融从业人员,量身打造了金融行业网络安全从业人员认定及实训体系(CFSP)。

面对高级管理人员:提供新技术发展趋势下的合规内控风险管理、安全体系规划设计等高级课程。

面对中级安全技术人员:以高度仿真的金融场景为背景,以攻防兼备的知识体系为核心,采用以场景实训为主的教学模式,重在培养学生的动手能力,积累实战经验。

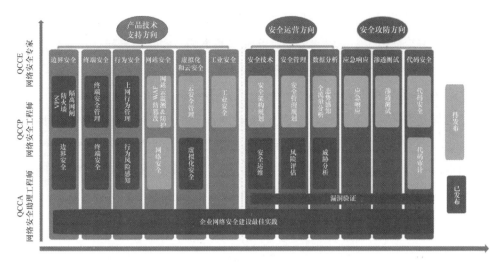

图 7-2　网络安全认证工程师体系

面对初级业务人员：提供通用安全知识、基础安全能力的普及实训，提高全员安全意识。

3. 教育从业人员网络安全技能认证

教育系统网络安全保障专业人员培训（ECSP），是由中国网络安全审查技术与认证中心（简称网安中心）与教育部教育管理信息中心（简称信息中心）为提升教育从业人员网络安全素养和专业技能水平，支撑保障教育信息化和网络安全持续健康发展，共同开发认定的专业岗位能力培训项目。作为 ECSP 授权的培训机构，奇安信集团于 2019 年 11 月在四川绵阳开设 ECSP-M 专业管理人员和 ECSP-T 专业技术人员培训班，为考核合格的学员颁发"ECSP-M 专业管理人员"或"ECSP-T 专业技术人员"证书。

7.3.4　网络安全竞赛促进专项人才选拔培养

近些年，相关高校、团体举办了安全类夺旗、攻防等竞技比赛，一方面能够以赛促学，培养、选拔网络安全的专业能手；另一方面能够使全社会更加关注、重视网络安全。2018—2019 年还出现了细分安全领域的专项比赛，以及某些特定行业的安全竞技比赛，促进了网络安全专项人才的选拔、培养。目前，国内影响力较大的网络安全竞赛如下。

1. "蓝帽杯"全国大学生网络安全技能大赛

"蓝帽杯"全国大学生网络安全技能大赛是全国公安院校高规格、高水平、最具影响力的网络安全技能大赛，旨在以赛代练、以赛促学，促进高校优化网络安全教学培养体系，推动公安行业网络安全人才的培养。

"蓝帽杯"聚焦公安行业，探讨产学研密切配合的新模式，为其他垂直行业的网络安全攻防比赛提供了参考。预计未来通过比赛会有越来越多的关键信息基础设施部门，不断提升行业内的网络安全人才培养与选拔工作的水平，为行业网络安全保障的持续完善打好人才基础。

2. 全国高校网安联赛（X–NUCA）

全国高校网安联赛是面向全国高校学生开展的网络安全技能顶级竞赛。大赛秉承"寓学于赛，以赛促学"的理念，将竞赛平台、学习平台、交流平台和参赛团队四者紧密连接，旨在为我国打造一项拥有国际水准和影响力的网络安全赛事，更好地促进国家网络安全人才的选拔和培养。

大赛分为线上专题赛和线下总决赛两个阶段。线上专题赛采用传统的 CTF 模式，覆盖 Web 渗透、二进制漏洞挖掘利用、密码分析、逆向分析、安全编程等网络安全各项技术。

3. "补天杯"破解大赛

"补天杯"破解大赛旨在号召全国范围内的企业、高校、民间极客、白帽黑客、专家对智能交通、智能制造、智能终端、智能家居等领域的智能设备存在的漏洞及网络风险进行破解挑战，以比赛竞技的方式发现智能设备中存在的安全问题，引起企业对物联网安全的重视，并提升其安全能力，选拔、培养网络安全人才，推动智能制造产业发展，促进网络强国建设。

大赛设置四大赛题方向，包括智能汽车、车联网等智能交通类设备和系统的智能交通安全方向，以智能穿戴和智能手机为代表的智能终端安全方向，涵盖智能安全、智能健康、智能卫浴、智能空气监测、智能路由器等智能家居类设备和系统在内的智能家居安全方向，以及包括 PLC、SCADA、DCS 等在内的智能制造安全方向。

4. DataCon 大数据安全分析比赛

DataCon 大数据安全分析比赛是国内首个以大数据安全分析为核心的网络安

全竞赛，旨在提高在校学生及网络安全从业人员在真实网络中的数据分析、攻击检测实战水平，为国家和社会培养网络安全实战人才。

2019 年，国内首届 DataCon 大数据安全分析比赛在贵阳举办，吸引了全球多个国家和地区的 551 支战队、3000 多名选手参赛。比赛聚焦大数据安全分析，且与实战攻防演习结合，重点考察选手利用人工智能、机器学习、可视化分析这些新的技术方法对不同场景下的安全问题进行大数据分析的能力，丰富了攻防演习的维度和价值，提升了参赛者的安全分析能力和实战经验，对未来选拔、培养大数据安全人才做出了有益探索。

第 8 章
网络安全发展的热点方向

网络安全技术及应用的发展，与信息化的建设发展密切相关。时代不同，网络安全发展的热点方向也明显不同。本章将介绍一些网络安全发展的热点方向，包括零信任架构、云安全、数据安全、工业互联网安全、5G 安全、远程办公安全。这些热点方向并非是相互独立的，在实际应用中，它们往往会相互交织，在某些应用场景中，它们还可能会同时存在，需要综合运用各种先进的技术和体系方法进行分析。

8.1　零信任架构

8.1.1　零信任架构出现的必然性

企业网络的基础设施日益复杂，安全边界逐渐模糊。数字化转型的时代浪潮推动着信息技术的快速演进，云计算、大数据、物联网、移动互联网等新兴 IT 技术为各行各业带来了新的生产力，但同时也带来了极强的复杂性。企业的安全边界逐渐模糊，传统的基于边界的网络安全架构和解决方案难以适应现代企业的网络基础设施。

与此同时，网络安全形势不容乐观，外部威胁和内部威胁愈演愈烈。有组织的、武器化的、以数据及业务为攻击目标的高级持续攻击仍然能轻易找到各种漏洞，突破企业的边界并横向移动；内部业务的非授权访问，员工无意、有意的数据窃取等内部威胁层出不穷，成为数据泄露的重要原因。

业界需要全新的网络安全架构应对现代复杂的网络基础设施和日益严峻的网络威胁形势。零信任架构在这种背景下应运而生，是安全思维和安全架构进化的必然结果。

在《零信任网络》一书中，Evan Gilman 和 Doug Barth 将零信任架构建立在以下五个基本假设之上：

- 网络无时无刻不处于危险的环境中；

- 网络中自始至终存在外部或内部威胁；

- 网络的位置不足以决定网络的可信程度；

- 所有的设备、用户和网络流量都应当经过认证和授权；

- 安全策略必须是动态的，并基于尽可能多的数据源计算出来。

NIST 在 2019 年发布的《零信任架构》中指出，零信任架构方法是一种基于网络/数据安全的端到端的方法，关注身份、凭证、访问管理、运营、终端、主机环境和互联的基础设施；零信任是一种关注数据保护的架构方法，认为传统安全方案只关注边界防护，对授权用户开放了过多的访问权限。零信任架构的首要目标就是基于身份进行细粒度的访问控制，以便应对越来越严峻的越权横向移动风险。

基于以上观点，NIST 对零信任和零信任架构的定义如下。

零信任提供了一系列概念和思想，旨在面对失陷网络时，减少在信息系统和服务中执行准确的、按请求访问的决策的不确定性。零信任架构是一种企业网络安全体系，它利用零信任概念，囊括了其组件关系、工作流规划与访问策略。

8.1.2　零信任架构的核心能力

零信任架构的本质是在访问主体和访问客体之间构建以身份为基石的动态可信访问控制体系，通过以身份为基石、业务安全访问、持续信任评估和动态访问控制等核心能力，基于网络所有参与实体的数字身份，对默认不可信的所有访问请求进行加密、认证和强制授权，汇聚、关联各种数据源进行持续信任评估，并根据信任的程度动态地对权限进行调整，最终在访问主体和访问客体之间建立一种动态的信任关系，图 8-1 给出了零信任架构的核心能力。

在零信任架构下，访问客体是需要保护的资源，包括但不限于企业的业务应用、服务接口、操作功能和资产数据。访问主体包括用户、设备、应用程序等身份化之后的数字实体，在一定的访问上下文中，这些实体还可以进行组合绑定，进一步对访问主体进行明确和限定。

1. 以身份为基石

基于身份而非网络位置来构建访问控制体系，首先需要为网络中的用户、设备和应用程序赋予数字身份，将身份化的用户、设备和应用程序进行组合，构建访问主体，并为访问主体设定其所需的最小权限。

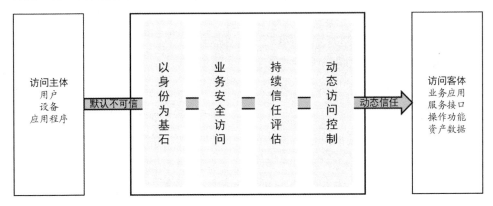

图 8-1　零信任架构的核心能力

在《零信任网络》一书中，网络代理指在网络请求中用于描述请求发起者的信息集合，一般包括用户、设备和应用程序三类实体信息，用户、设备和应用程序是与访问请求密不可分的上下文。网络代理具有短时性特征，在进行授权决策时按需临时生成。网络代理的构成要素一般存放在数据库中，在授权时可实时查询并进行组合，因此，网络代理代表的是用户和设备各个维度的属性在授权时的实时状态。

最小权限原则是所有安全架构必须遵循的原则之一，然而零信任架构将最小权限原则又推进了一大步，遵循动态的最小权限原则。如果用户确实需要更高的访问权限，那么他可以并且只能在需要的时候获得这些权限。传统的身份与访问控制实现方案一般对用户、设备和应用程序进行单独授权，零信任这种以网络代理作为授权主体的范式，在授权决策时刻按需临时生成主体，具有较强的动态性和风险感知能力，可以在一定程度上消除凭证窃取、越权访问等安全威胁。

2. 业务安全访问

零信任架构关注业务保护面的构建，通过业务保护面实现对资源的保护。在零信任架构中，业务应用、服务接口、操作功能、资产数据都可以视为业务资源。业务安全访问即通过构建保护面实现对暴露面的收缩，要求所有业务默认隐藏，根据授权结果对业务进行最小限度的开放，所有的业务访问请求都应该进行全流量加密和强制授权，业务安全访问的相关机制需要尽可能工作在应用协议层。

构建零信任架构，需要关注待保护的核心资产，梳理核心资产的各种暴露面，并通过技术手段将暴露面进行隐藏。这样，核心资产的各种访问路径就能隐藏在零信任架构组件之后，默认情况下对访问主体不可见。只有经过认证、具有权限、信任等级符合安全策略要求的访问请求，才能被系统放行。业务隐藏除了满足最小权限原则，还能很好地缓解针对核心资产的扫描探测、拒绝服务、漏洞利用、非法爬取等安全威胁。

3. 持续信任评估

持续信任评估是零信任架构从零开始构建信任的关键手段，通过信任评估模型和算法，可以实现基于身份的信任评估，对访问的上下文环境进行风险判定，对访问请求进行异常行为识别，并对信任评估结果进行调整。

在零信任架构中，访问主体是用户、设备和应用程序三位一体构成的网络代理，因此在身份信任的基础上，还需要评估主体信任，主体信任是对身份信任在当前访问上下文中的动态调整，与认证强度、风险状态和环境因素等相关。身份信任相对稳定，而主体信任和网络代理一样，具有短时性特征，是动态的，基于主体信任的等级进行动态访问控制是零信任架构的本质所在。

信任和风险如影随形，在某些特定场景下，甚至是一体两面的。在零信任架构中，除了信任评估，还需要考虑环境风险的影响因素，需要对各类环境风险进行判定和响应。但需要特别注意，并非所有的风险都会影响身份或主体的信任度。

基于行为的异常发现和信任评估能力必不可少，对主体（所对应的数字身份）个体行为的基线偏差、主体与群体的基线偏差、主体环境的攻击行为、主体环境的风险行为等，都需要建立模型进行量化评估，它们是影响信任的关键要素。当然，行为分析需要结合身份态势进行，以减少误判，降低对使用者操作体验的负面影响。

4. 动态访问控制

动态访问控制是零信任架构的安全闭环能力的重要体现。建议通过 RBAC（基于角色的访问控制）和 ABAC（基于属性的访问控制）的组合授权实现灵活的访问控制基线，基于信任等级实现分级的业务访问，同时，当访问上下文和环境存在风险时，需要对访问权限进行实时干预并评估是否对访问主体的信任进行降级。

任何访问控制体系的建立都离不开访问控制模型，需要基于一定的访问控制模型制定权限基线。零信任强调灰度哲学，从实践经验来看，大可不必去纠结 RBAC 好还是 ABAC 好，而应考虑如何兼顾融合。建议使用 RBAC 模型实现粗粒度授权，建立权限基线，满足企业基本的最小权限原则，并基于访问主体、访问客体和环境属性实现角色的动态映射和过滤机制，充分发挥 RBAC 的动态性和灵活性。权限基线决定了一个访问主体允许访问的权限的全集，而在不同的访问时刻，访问主体被赋予的访问权限与访问上下文、信任等级、风险状态息息相关。

8.1.3　零信任架构的核心逻辑架构

零信任架构的核心能力需要通过具体的逻辑组件来实现，其逻辑组件包括可信代理、动态访问控制引擎、信任评估引擎、身份安全基础设施，如图 8-2 所示。

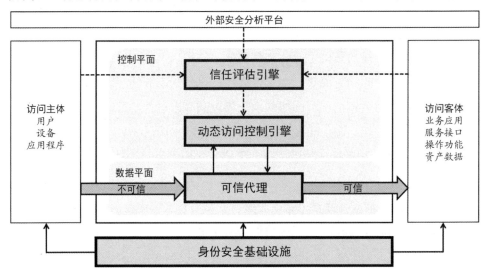

图 8-2　零信任架构的逻辑组件

1. 可信代理

可信代理是零信任架构的数据平面组件，是确保业务安全访问的第一道关口，是动态访问控制的策略执行点。

可信代理拦截访问请求后，通过动态访问控制引擎对访问主体进行认证，对访问主体的权限进行动态判定。只有认证通过并且具有访问权限的访问请求才能被系统放行。同时，可信代理需要对所有的访问流量进行加密。全流量加密对可信代理提出了高性能和高伸缩性的要求，支持水平扩展是可信代理必须具备的核心能力。

2. 动态访问控制引擎

动态访问控制引擎和可信代理联动，对所有访问请求进行认证和动态授权，是零信任架构控制平面的策略判定点。

动态访问控制引擎对所有的访问请求进行权限判定，权限判定不再基于简单的静态规则，而基于上下文属性、信任等级和安全策略。动态访问控制引擎进行权限判定的依据是身份库、权限库和信任库，其中身份库提供访问主体的身份属性，权限库提供基础的权限基线，信任库则由信任评估引擎通过实时的风险多维关联和信任评估进行持续维护。

3. 信任评估引擎

信任评估引擎是零信任架构中实现持续信任评估能力的核心组件，和动态访问控制引擎联动，为其提供信任等级，作为授权判定依据。

信任评估引擎持续接收可信代理、动态访问控制引擎的日志信息，结合身份库、权限库数据，基于大数据和人工智能技术，对身份进行持续画像，对访问行为进行持续分析，对信任进行持续评估，最终生成和维护信任库，为动态访问控制引擎提供决策依据。此外，信任评估引擎可以接收外部安全分析平台的分析结果，外部安全分析平台包括终端可信环境感知平台、持续威胁检测平台、态势感知平台等，这些平台可以很好地补充身份分析所需的场景数据，丰富上下文，有助于进行更精准的风险识别和信任评估。

4. 身份安全基础设施

身份安全基础设施是实现零信任架构以身份为基石能力的关键支撑组件。

身份安全基础设施至少包含身份管理和权限管理两个功能组件，通过身份管理实现各种实体的身份化及身份生命周期管理，通过权限管理，对授权策略进行细粒度的管理和跟踪分析。

零信任架构的身份安全基础设施需要能满足现代 IT 环境下复杂、高效的管理要求（传统的静态、封闭的身份与权限管理机制已经不能满足新技术环境的要求，无法支撑企业构建零信任架构的战略愿景），需要足够敏捷和灵活，能为更多新的场景和应用进行身份和权限管理。此外，为了提高管理效率，自助服务和工作流引擎等现代身份管理的关键能力也必不可少。

8.1.4 零信任架构的内生安全机制

内生安全指的是不断从信息系统内生长出的一种安全能力，能伴随业务的增长而持续提升，持续保证业务安全，具有自适应、自主、自生长三个特点。聚合是实现内生安全的必要手段，信息系统和安全系统的聚合，能够产生自适应安全能力；业务数据和安全数据的聚合，能够产生自主安全能力；IT 人才和安全人才的聚合，能够产生自生长的安全能力。

零信任架构聚焦身份、信任、访问控制、权限等维度的安全能力，而这些安全能力也是任何信息化业务系统不可或缺的组成部分，所以零信任天生就是一种内生安全机制。

作为一种内生安全机制，零信任具备自适应的能力。零信任架构基于业务场景的人、设备、流程、访问、环境等多维的因素，对访问主体的风险和信任度进行持续度量和评估，并通过信任等级对权限进行动态调整，是一种动态自适应的安全闭环体系，对未知威胁具有很强的自适应性。零信任架构的实现需要结合企业信息化业务系统的现状和需求，把核心能力和产品技术组件内嵌于业务系统，构建自适应内生安全机制。因此，建议在业务系统规划建设之初，同步进行零信任架构的规划设计，实现安全系统和业务系统的深度聚合。

同时，零信任架构的部署实施要求企业的业务团队、IT 团队及安全团队紧密配合、协同合作、形成合力，而不能像过去一样分开自治，这些团队的聚合是零信任架构解决方案成功落地的有效保障。零信任架构提供的自适应的访问控制能力是开放的、平台化的，企业可以将业务逐步迁移到零信任架构中，被迁入的业务都将具备这种自适应的安全能力，这样零信任就变成了企业业务流程的内生能力，持续为企业的网络安全赋能。

8.1.5 小结

零信任架构对传统的边界安全架构重新进行了评估和审视，并对安全架构思路给出了新的建议：默认情况下，不应该信任网络内部和外部的任何人、设备、系统和应用，而应该基于认证、授权和加密技术重构访问控制的信任基础，并且这种授权和信任不是静态的，它需要基于对访问主体的风险度量进行动态调整。

安全系统与业务系统就像 DNA 的双链，相辅相成，而它们的关键结合点，就是同步规划、同步建设、同步运营，应做到安全系统与业务系统的深度融合、全面覆盖、实战化运行、协同响应。要从应对局部威胁和合规要求的建设模式，走向面向能力的建设模式，关口前移，构建信息化环境的内生安全能力，为企业信息基础设施的核心数据与业务运营提供保障。

作为一种全新的安全架构，零信任架构认为不应该仅在企业网络边界上进行粗粒度的访问控制，而应该对企业的人员、设备、业务应用、数据资产之间的所有访问请求进行细粒度的访问控制，并且访问控制策略需要基于对请求上下文的信任评估进行动态调整。零信任架构是一种应对新 IT 环境下已知和未知威胁的内生安全机制架构，具有更好的弹性和自适应性。

8.2 云 安 全

8.2.1 云计算带来的安全风险

2006 年 8 月 9 日，Google 首席执行官 Eric Schmidt 在搜索引擎大会上首次提出了云计算的概念，但其历史可以追溯到 1956 年 Christopher Strachey 发表的一篇有关于虚拟化的论文，虚拟化恰恰是云计算基础框架的核心。20 世纪 60～80 年代，虚拟化技术主要在大型机和小型机上获得了空前的成功，但并没有在 x86 架构平台上得到充分利用。20 世纪 90 年代，计算机的广泛使用及 XenServer、VMware 等虚拟化技术的发展，推动了虚拟化的商用进度。1999 年，VMware 公司率先推出针对 x86 平台的商业虚拟化软件。云计算的商用落地是在 2006 年，Amazon Web Services（AWS）公司开始以 Web 服务的方式向企业提供 IT 基础设施服务，而之后经过几十年的发展，商用产品不断出现。

狭义上讲，云计算就是一种提供资源的网络，用户可以像使用自来水一样，随时获取"云"上的资源，根据需求量使用并付费，其基础架构主要由计算（服务器）、网络、存储形成。通过云计算软件架构及技术，可实现不同的服务类型，包括基础设施即服务（IaaS）、平台即服务（PaaS）和软件即服务（SaaS）。云计算的特点包括应用和资源虚拟化、可动态扩展、可按需自助服务、可计量、可靠性高等。

云计算在带来众多便利的同时，在安全方面，相对传统架构，也带来了一些新的风险，主要表现在以下两个方面。

虚拟化后带来的风险（如虚拟机逃逸）。攻击者可利用虚拟机软件或虚拟机中运行的软件漏洞进行攻击，获取操作系统超级权限，达到获取数据的目的。对于云操作系统漏洞，OpenStack 在 7 年间共披露了 139 个，而 VMware 漏洞也呈现连年增长的现象。如果不及时进行漏洞修补，攻击者一旦发现、利用漏洞，潜入云操作系统底层，云平台上所有数据就存在泄露的风险。但更大的风险是那些还没有被发现的漏洞，层出不穷的"未知威胁"对数据集的威胁倍增。

网络边界不可见。云计算通过引入虚拟化技术，实现计算、网络、存储的虚拟化。相对传统网络可通过边界安全设备进行防护不同，云计算中的流量大多数在同一个虚拟网络或同一个虚拟路由器下的不同虚拟网络之间直接通信。这些流量可能不通过核心交换机进行交换，我们也就无法通过传统硬件安全设备镜像或串接的部署方式进行防护。对于云环境内来说，病毒一旦爆发，会肆无忌惮地扩散，风险不言而喻。

等级保护 2.0 中针对云计算特别规划了云计算安全扩展要求，明确规定了云建设方和云租户的责任划分，明确各个责任主体需要单独根据自身业务情况进行等级保护，可见国家对云环境下网络安全的重视度。

8.2.2　云安全的概念与分类

随着云计算在各行各业的快速普及，业务上云已是大势所趋，大量的业务系统及数据都迁移、存储到了云端，云服务面临着严峻的挑战和风险。当系统变得更加集中化时，个人和企业数据被盗取的风险更大，大量以往分散的数据如今存储在私有云或公有云内，这些数据中包含的巨大信息和潜在价值吸引了更多的攻击者，导致与云相关的安全事件持续不断，云上安全防护的需求与日俱增，云安全也越来越受到行业客户的重视，甚至成为云服务客户业务上云的最大阻碍。

事实上，在云计算出现之后，其与安全就有着十分密切的联系，产业界、学术界也各自提出了云安全的概念。对于云安全一词，目前还没有明确、统一的定义。从广义的角度，云安全可以从两方面来理解。

第一，云计算本身的安全通常称为云计算安全，是指针对云计算自身存在的安全隐患，研究相应的安全防护措施和解决方案，如云计算安全体系架构、云计算应用服务安全、云计算环境数据保护等，云计算安全是云计算健康、可持续发展的重要前提。

第二，云计算在信息安全领域的具体应用，也称为安全云计算，是指利用云计算架构，采用云服务模式，实现安全的服务化或统一的安全监控管理，如国内杀毒软件厂商提供的云查杀模式、云安全系统等。

对于企业和机构来说，通常所说的云安全指的是为云计算中心、云计算服务、云计算应用等提供安全防护的一系列技术手段与方案，按照《信息安全技术 网络安全等级保护基本要求》第三级安全要求中的云计算安全扩展要求，云安全可具体分为安全物理环境、安全通信网络、安全区域边界、安全管理中心、安全建设管理、安全运维管理等多个方面的安全防护与保障。

从安全责任角度来看，云安全又可分为云平台安全和云上租户/业务系统安全。在实际项目建设中，需要对云平台与云上租户/业务系统分别定级，并应进行等级保护测评。云平台安全由云服务商负责，而云上租户/业务系统的安全通常由建设方委托第三方安全企业负责，安全企业从第三方的角度，对云平台及其上租户/业务系统进行安全监管，从而形成建设方、云服务商、安全企业三方制衡的关系，最大程度保障云上租户/业务系统安全。图 8-3 所示为三方制衡的云平台建设示意图。

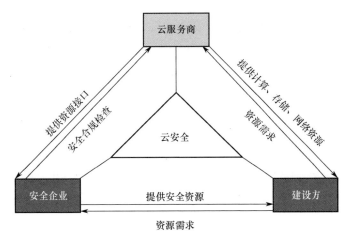

图 8-3 三方制衡的云平台建设示意图

8.2.3 云安全威胁

云计算因资源使用方式和管理方式的变化，除面对传统信息系统的安全风险和威胁外，还要面对如下新的安全风险。

1. 安全责任主体模糊

传统信息系统的安全责任主体是一个机构，安全责任比较明确。在云环境下，信息系统由云服务使用者、云服务提供者等多方合作建设，其安全防护需要多方联合采取措施。不明确的安全责任划分、不科学的安全任务分工等可能使原本严密的防护机制产生安全缝隙，给云环境下的信息系统安全带来一定的挑战。

2. 传统防护边界消失

由于云计算资源共享的特性，不同用户所需要的计算资源会运行于同一个物理虚拟化平台上，甚至同一个物理虚拟化平台中的某个物理节点上，传统防护边界已逐渐模糊，边界防火墙及入侵检测安全机制已不足以保护数据中心的安全。

3. 虚拟化带来的风险

虚拟化是 IaaS 和私有云中的关键因素之一，而且越来越多地被应用在 PaaS 和 SaaS 提供商的后台中。虚拟化技术支持将单台物理服务器虚拟为多台虚拟服务器，进而大幅提高有限计算资源的利用率。虚拟化技术在提供便利的同时，也带来了大量安全风险，如虚拟化软件自身的安全漏洞、虚拟机间的流量交换等问题。

4. 东西向流量不可见

在传统模式下，不同服务器中的数据可通过防火墙进行控制，也可以通过 IDS 等安全设备进行检测。但是在虚拟化情况下，同一个物理机内的虚拟机之间，通信是不经过防火墙和 IDS 的，所以传统的防火墙和 IDS 设备就会失去原本的安全效果，形同虚设。

5. 数据共享的安全风险

数据共享的安全风险是目前云计算用户最担心的安全风险。用户在云环境中进行数据传输和存储时，对于数据在云环境中的安全风险并没有实际的控制能力，数据安全完全依赖于服务商，如果服务商对数据安全的控制存在疏漏，则很可能导致数据泄露或丢失。

6. 多租户安全风险

在多租户的云环境中，由于云平台的开放性，平台上租户繁杂，不能排除存在一些心怀不轨的恶意租户，租户间也可能存在一定的利益竞争关系，让云平台中的资源滥用、租户间的攻击等成为可能，传统安全防护措施无法应对这些来自云环境内部的安全挑战。

7. 云安全的合规建设

在传统模式下，企业能够较清晰地按照等级保护、ISO 27001 等国内外先进的安全合规要求进行合规检查。但企业将传统业务系统都迁移到云上后，业务架构和形态发生了变化，传统的安全防护措施也发生了改变，因此在业务安全合规检查层面存在因相应的变化和合规标准的改变所带来的风险。

8.2.4 云安全威胁的防御与治理

随着大型企业数字化转型的深入，云安全威胁的防御与治理成了主要的问题。在云环境下，原有的隔离原则将会失效，因此应更加重视纵深防御和多点协同，不可仅依靠单一的手段。软件定义安全逐渐成为趋势，越来越多的安全软件化、虚拟化，并支持可编程式的控制。我们预测，未来用云方式解决安全问题会越来越普及。

云数据中心安全体系建设应做到"三同步"原则：同步规划、同步建设、同步运营。在信息化建设时代，发展是主，安全是辅。但在今天的智能时代，安全成为发展的前提，这对网络安全体系建设提出了更高的要求，需要从顶层设计阶段开始考虑安全建云、用云、管云的一整套安全解决方案。

而云数据中心安全保障服务也应做到"三方制衡"：甲方（建设方）严格要求、乙方（云服务商）提高标准、丙方（安全企业）查漏补缺。在大数据时代，云安全是核心，而云对甲方来说是个黑盒系统，许多安全事件和漏洞发生在云平台内部，如果由云平台提供云安全服务，很多问题不会暴露给云租户和安全部门。只有引入第三方安全企业，查漏补缺，才能对云服务商形成有力制衡，从最大程度上杜绝漏洞，长治久安。

新威胁环境对云安全能力提出了更高要求，被集成的各种安全能力，需结合云网内的南北向+东西向流量和各组件日志统一分析，并结合实时威胁情报，通过云安全管理平台进行安全策略统一管理、下发、更新，从而实现实时安全预警、主动防御和快速响应的安全能力闭环。以下为云安全威胁的防御与治理案例。

1. 某运营商私有云 PowerShell 挖矿问题

随着云计算技术的发展，越来越多的企业不断地把业务迁移到云平台中。某运营商分公司基于 OpenStack 技术建设了私有云数据中心，目前该运营商的大部分业务已经上云，在运行虚拟机达数千台。但该运营商基于传统安全防护经验及成本考虑，沿用边界防护＋终端杀毒方案，在云内只部署了杀毒软件。2019 年 11 月，该运营商内网爆发了 PowerShell 挖矿木马病毒，短时间内大量虚拟机出现卡顿等问题，导致营业厅业务中断，无法正常运行。

安全专家通过溯源分析发现，某台 Web 网站虚拟机下载了带有 PowerShell 挖矿木马的文件，由于终端防护方案只有杀毒功能，不具备虚拟机之间东西向隔离防护能力，导致病毒在短时间内迅速横向扩散，造成大量虚拟机内存/CPU 资源耗尽，业务无法正常进行。

PowerShell 挖矿木马主要通过 WMI＋PowerShell 方式进行无文件攻击，并长驻内存进行挖矿，该病毒具备无文件攻击及两种横向传染机制（利用 WMIEXEC 进行自动化暴力破解，利用 MS17-010 "永恒之蓝" 漏洞进行攻击），近年来在企业网络中频繁爆发，极易在虚拟化或云环境内迅速传播，传统的防护手段做不到有效防护。

【解决方案】

建议采用虚拟化安全管理系统＋云网安全分析系统的组合解决方案，彻底解决云上虚拟机安全防护及东西向流量可视化问题。

虚拟化安全管理系统是从虚拟化底层的安全性出发，通过对虚拟化数据中心特殊性的研究，研发的集防病毒、防火墙、入侵防御、Hypervisor 层防护、主机加固、WebShell 检测于一体的虚拟化安全解决方案。本实例通过开启防火墙＋入侵防御功能，设置 "永恒之蓝" 病毒策略，阻断连接矿池的路径，大幅度降低 CPU/内存使用率，同时防止病毒横向扩散。最后通过虚拟化安全控制台下发专杀工具，查杀 PowerShell 进程，完成清除病毒任务，彻底、有效地遏制和清除病毒，使企业服务恢复正常。

由于云环境中大部分都是东西向流量，传统技术手段无法进行有效的安全态势评估，导致容易错过最佳的安全事件遏制时间。而云网安全分析系统通过对云环境内全流量的采集、分析，对木马病毒等恶意文件的检测，对网络漏洞攻击的检测，对未知威胁的检测和对安全痕迹的留存取样等，可进一步提升业务系统安全在云环境中的可检测性和可视性。

【方案总结】

近年来爆发的勒索病毒/挖矿木马和普通病毒相比更具有针对性和攻击性，主要对云数据中心进行感染破坏。企业内部建立的传统静态防病毒体系已无法全面检测、防治勒索病毒/挖矿木马，"东西向"威胁成为主要的安全问题，同时云数据中心还面临扫描风暴、杀毒风暴、升级风暴等问题，因此建议采用专业的虚拟化安全解决方案，彻底解决虚拟化环境下虚拟机的病毒感染和传播、漏洞利用和虚拟化层安全及管理等一系列安全问题。

2. 构建行业云安全合规与运营监测体系

中国信息通信研究院发布的《云计算发展白皮书（2018年）》提出，随着"互联网+"行动的积极推进，我国云计算应用正从互联网行业向政务、金融、工业、轨道交通等传统行业加速渗透。在此背景下，某行业集团为推进行业信息化业务快速发展，加快行业数字化变革，开展打造行业智能协同云计算平台，全面提供IaaS、PaaS、DaaS（数据即服务）及SaaS，促进行业所属单位与合作伙伴信息共享、互联互通与互惠共赢。

通过对近年来国内外曝光的云安全事件进行分析整理发现，大部分的云安全事件多以云数据泄露为主。其中，绝大部分云数据泄露的根本原因是云操作人员配置不当，导致云上租户的业务遭受恶意攻击，对云服务商的名誉造成影响，对后续云业务的拓展造成阻碍。

我们通过收集相关互联网安全报告进行风险点调研，发现云配置中的 sudo 权限无密码校验、Redis 基线不完整、MySQL 弱密码等配置问题导致了绝大部分的云安全事件的发生。对比自身云数据中心进行的安全应急响应来看，攻击者通过这些配置缺陷进入云环境内部相比于通过技术博弈进入云环境内部更加方便、有效。然而目前云数据中心安全架构中几乎没有针对云配置安全的全生命周期监控，这在今后业务、数据进一步集中的环境中，将成为较大的隐患。主要体现在以下两个方面。

缺乏云基础设施的安全标准配置基线。云数据中心当前的维护、配置多采用传统漏洞扫描和配置核查产品的方法，此方法有两个明显的弊端，一是无法对云基础设施进行扫描，仅能够对传统网络设备、安全设备进行扫描；二是没有针对云场景下的安全标准配置进行研究，无法给出权威、可参考的云安全配置标准。

缺乏对云基础设施配置变化的监控能力。云数据中心由运维团队、业务团队、安全团队等角色共同维护。上线前加固的安全配置随着时间的推移会发生诸多变化。当前任何安全能力都无法自动化实现连续配置监控，很难形成持久化的监控体系，以至于没有一种手段能够快速遍历当前的云配置变化，无法及时掌握当前云配置和云安全基线的差距。

【解决方案】

针对现有云基础设施的配置，依据云安全最新的技术理念和行业标准，统一建设云配置安全监测体系，全面接入建设、租赁、使用的各类云计算服务。通过统一的云基础设施资源，融入国内外先进云安全配置基线，为云基础设施配置提供安全核查手段，以提升云基础设施配置的安全性。

同时，通过建设自动化、持续化的云配置安全核查体系，全面构建云基础设施配置层面的安防体系，弥补云安全整体架构中预防、预测环节的安全能力缺失，实现整体安全能力的关口前移。

【技术架构】

云数据中心架构拟采用模块化设计，包含云接入模块、云扫描模块、自动化引擎、策略编排器等多个模块，如图 8-4 所示。

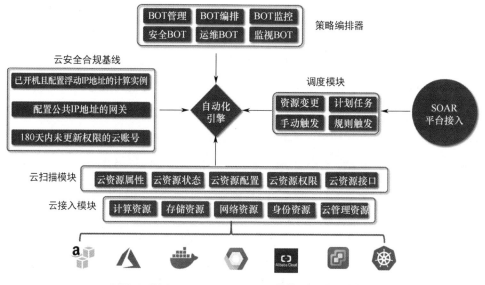

BOT: Build-Operate-Transfer；SOAR：编排、自动化及响应。

图 8-4　云数据中心架构

（1）云接入模块

云接入模块是实现基础设施管理的基础，云接入模块负责当前所有支持云平台的 API 解析和统一接入处理。通过云接入模块，可以实现用一个管理控制平台对企业管理云、公共服务云等不同的云平台进行统一接入，并实现无差别控制管理。

（2）云扫描模块

云扫描模块主要对云平台的资源信息、配置信息进行扫描和获取。针对云平台，云扫描模块通过接入 API 实现资源、配置获取。获取到资源、配置后，通过预处理，对来自不同云组件、不同类型云资源的相关信息进行归一化、规范化处理，形成上层能够统一调度的对象。除此之外，云扫描模块还能够对扫描方式、扫描范围、映射关系、扫描频次进行配置，方便云安全运维人员按照资源性能、网络环境等因素，适时调整扫描行为。

（3）自动化引擎

自动化引擎是云数据中心架构的核心，实现云扫描任务的调度，通过对云扫描任务添加预置的扫描对象、扫描内容、触发场景及条件，实现全天候自动化扫描，及时发现远端云平台中的上线行为、下线行为、异常资产，帮助云安全运维人员自主发现相关信息。同时，自动化引擎能够对云资源的配置进行自动化监控，一旦云资源发生未经确认的变更，自动化引擎就会触发相应的告警及安全事件，以警示云安全运维人员。另外，自动化引擎能够有效支撑例行配置评估等日常安全运维活动，通过设定自动化的机器人程序实现预置的扫描评估。

（4）策略编排器

策略编排器以配置组为基础，通过正则表达式的过滤条件对大量云资源进行过滤，选择当前策略需要的横向资源对象。同时，基于正则表达式的过滤条件将数以千计的配置核查基线条目与当前资源对象进行有效匹配，形成以配置组为基础的策略编排集合。运行该集合，即可完成对任意云资源组合、任意配置核查基线组合的安全检测和评估，为自定义的标准基线和行业检查合规等自定义场景提供支撑。通过策略编排器，云数据中心能够很好地适应云基础设施的变化。

【方案总结】

本方案通过对自身行业云的安全合规与运营监测体系的设计与实施，在大规模、复杂的云环境下，对云基础设施及云上应用系统进行妥善配置，使云租户业务系统的运行免受安全威胁。

本方案帮助云安全运维人员持续、动态地核查云计算服务及应用服务的相关配置，并持续地对安全配置变更及威胁进行监控，如进行系统账户合规检查、云漏洞检测管理等，通过科学、自动化的技术手段，保障云安全运营的持续有效。

本方案面向行业云进行云资源采集,获取并评估云基础设施运行状态及配置情况。通过内置安全、合规、运维等多类型的配置核查基线,全面、自动帮助云安全运维人员及时掌握分布在多云中的云资产的安全。

8.3 数据安全

8.3.1 数据安全的重要性

大数据促使数据生命周期由传统的单链条形态逐渐演变为复杂的多链条形态,增加了共享、交易等环节,且数据应用场景和参与角色也愈加多样化。在复杂的应用环境下,保证国家重要数据、企业机密数据及用户个人隐私数据等敏感数据不泄露,是数据安全的首要需求。海量多源数据在大数据平台汇聚,一个数据资源池同时服务于多个数据提供者和数据使用者,强化数据隔离和访问控制,实现数据"可用不可见",是大数据环境下数据安全的新需求。此外,利用大数据技术对海量数据进行挖掘分析,所得结果可能涉及国家安全、经济运行、社会治理等,因此需要对分析结果的共享和披露加强安全管理。

8.3.2 数据安全面临的挑战

1. 数据分类分级的难度增大

在海量数据中,很难明确定义什么是高敏感数据,另外还可能存在多个低敏感数据关联后形成高敏感数据的情况,所以做好数据分类分级的难度明显增大。

2. 数据采集环节的真实性难以保证

在数据采集环节,数据来源众多,如来自网站、工业设备的传感器、数据库等。这些源头可能存在大量不可信、不完整的数据,甚至存在伪造数据。但用现有的技术手段对所有数据进行真实性验证存在很大的困难。如果攻击者在数据采集过程中破坏数据或注入虚假数据,可导致数据分析的结果有偏差,从而实现操纵数据分析结果的情况。

3. 数据传输环节的安全、监控手段不够

数据传输需要额外的安全和监控级别,特别是自动数据传输。由于自动数据传输过程是自动化的,因此一般的安全手段和监控手段是远远不够的。

4. 数据处理过程中的机密性保障问题逐渐显现

数字经济时代来临，越来越多的企业或组织需要参与产业链协同，以数据流动与合作为基础进行生产活动。在开展数据合作和共享的应用场景中，企业或组织的数据将突破系统的边界进行流转，产生跨系统的访问或多方数据的汇聚（进行联合运算）现象。保证个人信息、商业机密或独有数据资源在合作过程中的机密性，是企业或组织参与数据合作和共享的前提，也是数据有序流动必须要解决的问题。

5. 数据流动路径的复杂化导致追踪溯源变得异常困难

大数据应用体系庞杂，频繁的数据共享和交换促使数据流动路径变得交错复杂，数据从产生到销毁不再是单向、单路径的简单流动模式，数据也不再仅限于在组织内部流转，而会从一个数据控制者流向另一个数据控制者。在此过程中，我们实现异构网络环境下跨越数据控制者或安全域的全路径数据追踪溯源变得更加困难，数据追踪溯源中数据标记的可信性、数据标记与数据内容之间捆绑的安全性等问题更加突出。

6. 如何保证数据的销毁、删除彻底

数字化使得各种各样的数据被存储在网络中，随着流动性的增强，数据被不断复制与分享，在使用完这些数据后，如果删除得不彻底，被非法恢复，可能导致数据或隐私信息泄露。如何保证被删除的数据确实被删除，即保证数据的可信删除，是一个重要的问题。

7. 数据泄露路径多元化

当前数据泄露事件层出不穷，就数据泄露事件分析来看，其原因既包括攻击者的攻击，也包括内部工作人员信息贩卖、离职人员信息泄露、第三方外包人员交易行为、数据共享、第三方数据泄露、开发测试人员违规操作等。

8. 数据保护范围极速扩大，数量极速增长

随着 5G、工业互联网、物联网的快速发展，越来越多的设备、系统（如智能家居、汽车、生产设备等）在不断产生数据。哪些数据需要保护？哪些数据又产生了新的敏感信息？数据保护的范围不断扩大，如何确定数据保护范围成了新的挑战。伴随着数据量的极速增长，能否保护好这些数据也是一项重要挑战。

8.3.3 数据安全的防护方法

在数字化时代，企业若要保障业务安全有序运转，则应构建面向大数据应用的数据安全防护体系。在数据治理的基础上，应建设数据安全治理系统，梳理数据资产，进行数据分类分级，确定数据安全属性、环境安全属性及访问控制策略。数据安全能力框架如图 8-5 所示。

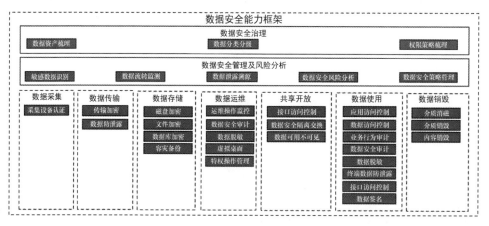

图 8-5　数据安全能力框架

建设要点如下。

- 数据安全治理。建设数据安全治理系统，梳理数据资产、进行数据分类分级。通过智能学习、内容指纹等方式，识别敏感数据，掌握敏感数据的分布、使用情况；通过机械学习等方式，确定数据安全属性与访问控制策略，将其纳入身份管理与访问控制平台统一管理；采用 ABAC，对数据进行精细化的安全管理。

- 终端数据安全防护。加强终端数据安全管控，通过终端敏感数据发现、通道管控、文档加密和屏幕水印，实现敏感数据泄露保护。

- 面向运维管理场景的数据安全防护。建设特权操作管理系统，基于"零信任"理念，采用 ABAC 模型，实现基于访问主体、数据安全及环境安全等属性的细粒度动态访问控制，最小化设置资源的访问权限，防止安全运维人员的违规、越权、恶意操作。

- 面向业务操作场景的数据安全防护。建设 API 安全代理、数据访问控制系统，加强对 API 接口、数据的访问控制，基于"零信任"理念，采用 ABAC

模型，实现基于访问主体、数据安全及环境安全等属性的细粒度动态访问控制，最小化设置资源的访问权限，防止用户的违规、越权、恶意操作。

- 面向生产转测试场景的数据安全防护。建设数据脱敏系统，基于数据字典、机器学习等方式对生产数据进行脱敏处理，防止敏感数据流转到开发测试环境中。

- 面向数据共享场景的数据安全防护。建设数据安全交换平台，剥离协议、检查数据内容，防范数据交换过程中的威胁传播及数据泄露。

- 面向数据开放场景的数据安全防护。建设数据安全开发平台，通过"数据不动、应用动"的方式，保证原始数据不出数据中心，同时能对外提供数据服务。

- 面向数据采集场景的数据安全防护。建设采集设备认证系统，通过证书或设备固有特征，识别设备可信身份，确保数据来源可靠。

- 数据安全管理与风险分析。建设数据安全管理与风险分析平台，全面掌握数据流转过程中的安全状态，形成全局数据风险视图，全面掌握数据安全风险，统一管理数据安全策略，防止出现违规、越权、滥用数据的行为。

- 建设办公数据安全备份恢复平台，接收终端安全系统自动上传或用户手动上传的数据，利用密码基础设施平台提供的加密服务，结合用户身份，对数据进行加密存储，当文件损坏时，将备份数据下发到终端或服务器，防止因勒索病毒、硬盘损坏等导致的数据不可用。

8.4 工业互联网安全

8.4.1 工业互联网安全及其重要性

工业互联网是连接工业全系统、全产业链、全价值链，支撑工业智能化发展的关键基础设施，是互联网从消费领域向生产领域、从虚拟经济向实体经济拓展的核心载体。工业互联网已经成为全球产业竞争的新制高点、重塑工业体系的共同选择。

工业互联网以平台为依托，连接海量设备和系统，是工业数据采集、汇聚与分析的载体，是连接工业企业、设备供应商、服务商、开发商及上下游协作企业的枢纽，安全防线不容有失。一方面，工业互联网遭受网络攻击后，不仅单个企业受损，攻击还可延伸至全产业链、全价值链，引发大规模物理设备损坏、生产停滞，影响经济社会的稳定运行。另一方面，工业生产、设计、工艺、经营管理等敏感信息保护不当，将损害企业核心利益、影响行业发展，重要工业数据泄露还将导致国家利益受损。由此可见，安全是工业互联网发展的重要基石。

国家层面高度重视工业互联网安全保障体系建设工作，国务院印发的《关于深化"互联网+先进制造业"发展工业互联网的指导意见》将"强化安全保障"作为主要任务之一。

工业互联网安全可以从工业和互联网两个视角分析。从工业角度看，安全的重点是保护智能化生产的连续性、可靠性，关注智能装备、工业控制设备及系统的安全；从互联网角度看，安全主要保障个性化定制、网络化协同及服务化延伸等工业互联网的安全运行，以提供持续的服务，防止重要数据泄露。因此，工业互联网安全应包括五大重点，即设备安全、控制安全、网络安全、应用安全和数据安全。

8.4.2　工业互联网安全的显著特征

工业互联网安全较传统的网络安全有三大显著特征。

一是防护对象更大，安全场景更丰富。传统的网络安全更多关注网络设施、信息系统软/硬件及应用数据安全，工业互联网将安全扩展延伸至企业内部，包含设备安全（工业智能装备及产品安全）、控制安全（数据采集与监测控制系统安全、分布式控制系统安全）、网络安全（企业内、外网络安全）、应用安全（平台应用安全、软件安全）及数据安全（工业生产安全、平台承载业务及用户个人信息安全）。

二是连接范围更广，威胁延伸至物理世界。在传统的网络安全中，攻击对象为用户终端、信息服务系统、网站等。而工业互联网连通了工业现场与互联网，网络攻击可直达生产一线。

三是网络安全和生产安全交织，安全事件危害更严重。传统的网络安全事件大多表现为：利用病毒、拒绝服务攻击等造成信息泄露或被篡改、服务中断等问题，影响工作生活和社会活动。而工业互联网遭受攻击，不仅影响工业生产运行，甚至会引发安全生产事故，给人民生命、财产造成严重损失，若攻击发生在能源、航空航天等重要领域，还将危害国家安全。

8.4.3　工业互联网安全的当前形势

目前，工业互联网还处在发展初期，安全管理水平和安全防护水平相对较弱，安全事件频发，主要体现在以下几个方面。

1. 攻击频繁影响大，手段专业方法多

工业互联网安全涉及工业控制、互联网、信息安全三个交叉领域，面对传统网络安全和工业控制安全的双重挑战。自从震网病毒被发现，对工业控制系统（以下简称工控系统）进行破坏的网络攻击就一直没有停止。

近年来，一系列针对工控系统的破坏性攻击被曝光。例如，2015 年 12 月 23 日，乌克兰电力系统遭遇了大规模停电事件，数万"灾民"不得不在严寒中煎熬；2016 年 1 月，CERT-UA 通报称乌克兰最大机场基辅鲍里斯波尔机场遭受 BlackEnergy 攻击；2016 年，BlackEnergy 还在继续对乌克兰境内的多个工控系统发动攻击，并且在 2016 年的 12 月，再次造成了乌克兰某电力企业的一次小规模停电事故。

针对工控系统的攻击，攻击者的主要目的是获取商业情报、流程工艺，并进行远程控制或者恶意破坏。从攻击者使用的手段来看，攻击手段已经呈现出多样化的发展趋势。

例如，在针对乌克兰电力系统的攻击中，就出现了多种不同的攻击手段。其中，最主要的恶意程序为 BlackEnergy，这是一种后门程序，攻击者利用它能够远程访问并操控电力控制系统。此外，在乌克兰境内的多家配电企业的设备中，还检测出了恶意程序 KillDisk，其主要作用是破坏系统数据，以延缓系统的恢复过程。研究人员还在乌克兰的电力系统服务器中发现了一个被添加后门的 SSH 服务端程序，攻击者可以根据内置密码随时连入受感染的主机。

而在针对沙特阿拉伯的 Shamoon 2.0 攻击中，攻击者则使用了一种简单粗暴的攻击手段：删除原有数据并写入垃圾数据。2016 年 11 月，包括沙特阿拉伯国家民航总局在内的至少 6 家重要机构遭到了严重的网络攻击。被攻击的计算机系统中，大量文件和数据被删除。

2. 普通攻击成本低，停产停工损失大

由于制造企业被攻击后很容易面临停产，因此近年来成为攻击者勒索、挖矿的主要目标，安全事件频出。2019 年 3 月，挪威某公司遭受勒索病毒攻击，造成多个工厂关闭，部分工厂切换为手动运营模式；2019 年 4 月，日本某制造企业感染挖矿木马，被迫停产三天；2019 年 6 月，某大型飞机零部件供应商遭勒索病毒攻击，导致其在德国、加拿大和美国的工厂关闭；2019 年 9 月，德国某公司受到勒索病毒攻击，导致其在美国、巴西和墨西哥的汽车工厂的生产受到严重干扰，每周损失 300 万~400 万欧元；2019 年 10 月，德国某自动化设备生产商遭遇勒索病毒攻击，导致其在全球 76 个国家和地区的业务均受到影响。

由于使用勒索病毒可以一次获取几十万甚至上百万的赎金，从 2019 年开始，勒索病毒攻击走向定制化，如 BitPaymer 定向攻击了金融、农业、科技和制药等多个领域，主要攻击各个行业的供应链解决方案提供商，并且提供定制化的勒索信息。攻击手段也逐渐接近 APT，如挪威某铝业公司遭遇的勒索病毒攻击，是因为一位员工不知不觉中打开了一封来自受信任客户的电子邮件，导致后门程序执行，攻击者又通过横向移动和域渗透等 APT 攻击手段成功控制了数千台主机，最后植入 LockerGoga 勒索病毒。在以往用勒索病毒发起的钓鱼邮件攻击中，从来没有出现过来自受信任客户的恶意邮件，而这种攻击手段在 APT 攻击中被普遍使用。

3. 工控系统广暴露，安全漏洞多难补

工控系统在互联网上的暴露问题是工业互联网安全的一个基本问题。所谓暴露，是指我们可以通过互联网直接对某些与工控系统相关的工业组件，如工控设备、协议、软件、系统等，进行远程访问或查询。Positive Technologies 的研究数据显示，当前全球工控系统联网暴露组件总数量约为 22.4 万个。

同时，工控系统普遍存在安全漏洞，特别是底层的控制主机，由于系统老旧，常存在高危安全漏洞。国家信息安全漏洞共享平台（CNVD）的统计数据显示，2000—2009 年，每年收录的工控系统漏洞数量一直保持在个位数。但到了 2010 年，该数字攀升到了 32 个，次年又跃升到了 199 个。这种情况的发生与 2010 年发现的震网病毒有直接关系。震网病毒是世界上第一个专门针对工控系统的破坏性病毒。自此业界开始普遍关注工控系统的安全性问题，工控系统的安全漏洞数量迅速增长。

漏洞在增多，而修复难度很大。通常情况下，修复漏洞时必须保证不中断正常生产，同时在漏洞修复后不会因兼容性问题影响正常生产。

工控系统操作站普遍采用商用计算机和 Windows 操作系统的技术架构。任何

一个版本的 Windows 操作系统自发布以来都在不停地发布漏洞补丁。为保证工控系统的可靠性，现场工程师通常不会对 Windows 操作系统打任何补丁，打过补丁的操作系统也很少会再经过工控系统原厂或自动化集成商测试，因此存在可靠性风险。但是系统不打补丁就会存在能被攻击者利用的安全漏洞，甚至容易感染普通的常见病毒，从而造成 Windows 操作系统乃至整个工控系统的瘫痪。

攻击者入侵通常发生在远程工控系统的应用上，此外，对于分布式的大型工业互联网，人们为了控制、监视方便，常常会开放 VPN 隧道，甚至直接开放部分网络端口，这种情况也给攻击者带来了方便。

4. 木马蠕虫不敢杀，应对策略受局限

基于 Windows 操作系统的个人计算机被广泛应用于工控系统，因此工控系统易遭受病毒攻击。全球范围内，每年都会发生数次大规模的病毒爆发事件。

有些蠕虫病毒，随着第三方补丁工具和安全软件的普及，近年来本已几乎绝迹。但随着永恒之蓝、永恒之石等网络攻击武器的泄露，蠕虫病毒又重新获得了生存空间。

由于对工控软件与杀毒软件兼容性的担心，人们在操作站（HMI）中通常不安装杀毒软件，即使有防病毒产品，其基于病毒库查杀的机制在工业互联网领域也有局限性，网络的隔离性和系统的稳定性要求导致病毒库的升级总是滞后的。因此，工控系统每年都会爆发病毒，出现大量新增病毒。在操作站中，U 盘等即插即用存储设备的随意使用，使病毒更易传播。

针对工业互联网存在的安全问题，业界也已提出了一些安全防护架构和管理策略，其中典型的代表是 NIST SP 800-82、IEC 62443 等国际工业互联网领域指导性文件。我国国家电网和少部分工业企业在安全防护上已经基本按照该文件进行部署。

但是，上述文件的实践充满了挑战。例如，在工业互联网中，由于网络边界模糊，有时需要动态地在不同区域使用同一设备，会用到软件定义网络的高级功能，静态分区存在难度；在虚拟区域边界部署的防火墙、网闸、安全远程访问 VPN 等，只能做到对部分已知规则的防御，要进行及时动态更新难度较大。

常见的防御手段包括在终端加入审计和应用程序白名单；在运营过程中进行漏洞扫描，并打补丁。但是，在工业互联网中，为保证系统的可用性、稳定性，

很难做到在线扫描或实时扫描，而且即使扫描到了漏洞，企业也可能因为担心系统的可用性和稳定性被破坏，而最终选择放弃打补丁。此外，在工控系统中，也确实有大量的漏洞难以找到合适的补丁。

5. 工业设备隐患多，工业主机在"裸奔"

各类机床数控系统、PLC、运动控制器等使用的控制协议、控制平台、控制软件，其在设计之初可能未考虑保密性、完整性、身份校验等安全需求，存在许可、授权与访问控制不严格，没有身份验证，配置维护不足，凭证管理不严，加密算法过时等安全隐患。例如，国产数控系统所采用的操作系统可能是基于某一版本的 Linux 系统进行"裁剪"的，所使用的内核、文件系统等，一旦稳定就不再修改，可能持续使用多年，有的甚至超过十年，而这些内核、文件系统多年来被曝出的漏洞并未得到更新，安全隐患长期存在。

工业企业的 OT 网络（Operation Technology Network，用于连接生产现场设备与系统、实现自动控制的工业通信网络）中存在着大量工业主机，如操作员站、工程师站、历史数据服务器、备份服务器等。这些主机或服务器上运行的实时数据库、监视系统、操作编程系统等，向上对 IT 网络提供数据，向下对 OT 网络中的控制设备及执行器进行监视和控制，它们是连接信息世界和物理世界的"关键之门"。

但在实际生产环境中，这些工业主机上基本没有任何安全防护措施，即使一部分有防护措施，也因没有进行及时更新而失效，工业主机几乎处在"裸奔"状态。在近年来不断发生的各类工业安全事件中，首先遭到攻击或受影响的往往都是工业主机。基于 Windows 操作系统的操作员站被广泛使用，但大部分企业没有移动存储介质管理、操作站软件运行白名单管理、联网控制、网络准入控制等技术措施，极易感染木马、蠕虫等病毒。目前普通 IT 防火墙无法实现工业通信协议的过滤，所以当网络中某个操作员站感染病毒时，会马上传播给其他计算机，容易造成所有操作员站同时发生故障或者引发控制网络风暴，造成网络通信堵塞，严重时可导致所有操作员站失控，甚至停车。

6. 内部管理不到位，安全意识普遍低

许多工业互联网系统在安全保护建设方面存在根本性的安全缺陷，在安全管理和安全意识方面存在许多不足，主要表现为以下几个方面。

（1）工业设备资产可视性严重不足

工业设备资产可视性严重不足阻碍了安全策略的实施。工业企业的 IT 团队一般不负责 OT 资产，而由 OT 团队负责 OT 资产。因为生产线系统是历经多年由多家自动化集成商持续建设的，所以 OT 资产对 OT 团队的可见性十分有限，OT 团队甚至没有完整的 OT 资产清单，OT 资产的漏洞基本上无人负责，工业企业也不能及时发现安全问题，出现问题后仅靠人员经验排查，排查过程耗费大量人力、时间成本。

（2）OT 安全制度不完善，管理不到位

在很多大中型工业企业中，IT 安全制度一般比较完善，管理一般比较到位，但 OT 安全管理措施显著缺失，还未形成完整的制度保障 OT 网络安全，缺乏对工控系统规划、建设、运营、废止全生命周期的网络安全管理，欠缺配套的管理体系、处理流程、人员责任等规定。如在工控系统的使用过程中，存在随意使用 U 盘、光盘、移动硬盘等移动存储介质的现象，使系统有可能感染病毒；一些工控系统在上线前未进行安全性测试，系统上线后存在大量安全漏洞，安全配置薄弱，甚至带毒工作。

（3）IT 网络和 OT 网络安全责任模糊

很多工业企业的信息中心负责管理 OT 网络和服务器的连接及安全，但往往对 OT 网络上的生产设备与控制系统的连接没有管辖权限；而这些生产设备、控制系统也是互联的，有些就是基于 IT 技术实现的，如操作员站、工程师站等。因此，常见的 IT 威胁对 OT 网络也有影响。然而，OT 网络的运维团队一般只对生产有效性负责，不对网络安全负责。因为对很多工业企业来说，生产有效性通常比网络安全性更重要。

（4）设备联网混乱，缺乏安全保障

工控系统中越来越多的设备与工业网络相连，如各类数控系统、PLC、应用服务器。工业网络与办公网络连接形成企业内部网络，而企业内部网络与外面的云平台、第三方供应链、客户网络连接，形成工业互联网。

很多工业企业的 IT 网络和 OT 网络并没有进行有效的隔离，部分工业企业虽然进行了分隔，并设置了访问策略，但有的员工为了方便，私自设置各类双网卡机器，使得 IT、OT 网络中存在许多不安全、不被掌握的通信通道。

OT 网络往往由不同的集成商在不同的时间建设，使用不同的安全标准。因此，当需要集成商进行维护时，工作人员经常会开放远程维护端口，而且这些端口往往不采用任何安全防护措施，甚至存在将常见端口打开后忘记关闭的情况，从而增加了工业互联网的攻击面。

工控系统各子系统之间没有进行有效的隔离，系统边界不清楚，边界访问控制策略缺失，尤其是采用 OPC 和 Modbus 等通信协议的工业控制网络，一旦发生安全问题，故障将迅速蔓延。

（5）IT 和 OT 人员安全培训普遍缺失

随着智能制造的网络化和数字化发展，IT 网络与 OT 网络在工业互联网中得到高度融合。企业内部人员（如工程师、管理人员、现场操作员、企业高层管理人员等）"有意识"或"无意识"的行为，都可能会破坏工业系统、传播恶意程序，因为网络的广泛使用，这些问题的影响将会被急剧放大。而社会工程学攻击、钓鱼攻击、邮件攻击或扫描探测等都利用了员工无意泄露的敏感信息。很多工业企业虽然有 IT 团队负责 IT 网络安全，但企业在安全意识教育和培训计划中，往往会忽视 IT 网络和 OT 网络之间的差异；企业很少会对 OT 团队进行安全培训，OT 团队的信息安全培训普遍缺失。

（6）第三方人员管理体制不完善

大部分的工业企业会将设备建设、运维工作外包给设备商或集成商，企业员工不了解工控设备的技术细节，对于所有的运维操作无控制、无审计，存在安全隐患。

如高级过程控制（Advanced Process Control，APC）系统通常可以让软件供应商自由操作，自身无任何防护措施，存在感染病毒的风险。且 APC 系统的安装、调试、运行一般需要较长的时间，需要项目工程师进行不断的调试、修改。期间 APC 系统需要频繁与外界进行数据交换，这给 APC 系统本身带来很大的感染病毒的风险。一旦 APC 系统感染病毒，其对实时运行的控制系统会产生极大隐患。

8.4.4　工业互联网的安全框架及防护对象

工业互联网安全框架从防护对象、防护措施及防护管理三个视角进行构建，针对不同的防护对象部署相应的防护措施，根据实时监测结果发现网络中存在的或即将发生的安全问题并及时做出响应，基于安全目标的可持续改进的管理方针，保障工业互联网的安全。工业互联网安全框架如图 8-6 所示。

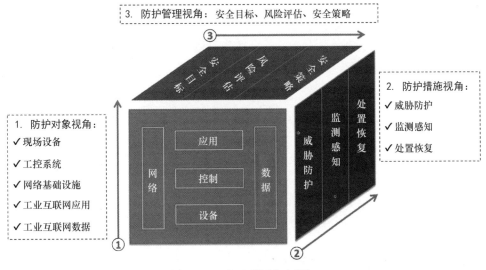

图 8-6　工业互联网安全框架

工业互联网安全框架的三个视角之间相对独立，但彼此又相互关联。从防护对象视角来看，对安全框架中的每个防护对象，都需要采用一系列合理的防护措施，并依据完备的防护管理流程进行安全防护；从防护措施视角来看，每一类防护措施都有其适用的防护对象，并在具体防护管理流程指导下发挥作用；从防护管理视角来看，防护管理流程的实现离不开对防护对象的界定，离不开各类防护措施的有机结合。工业互联网安全框架的三个视角相辅相成、互为补充，形成一个完整、动态、持续的防护体系。

工业互联网安全框架中的防护对象可分为现场设备、工控系统、网络基础设施、工业互联网应用、工业互联网数据五个层级，各层包含的对象均纳入工业互联网安全防护范围，如图 8-7 所示。

基于上述防护场景，工业互联网安全防护的内容具体如下。

1. 设备安全

设备安全包括工厂内单点智能器件、成套智能终端等智能设备的安全，以及智能产品的安全，具体涉及操作系统/应用软件安全与硬件安全两方面。

工业互联网的发展使得现场设备由机械化向高度智能化转变，并产生了嵌入式操作系统微处理器应用软件的新模式，这就使得未来海量智能设备可能会直接暴露在网络中，面临攻击范围大、扩散速度快、漏洞影响大等威胁。

工业互联网设备安全具体应分别从操作系统/应用软件安全与硬件安全两方

面出发，部署安全防护措施，可采用的安全防护措施包括固件安全增强、恶意程序防护、设备身份鉴别、访问控制和漏洞修复等。

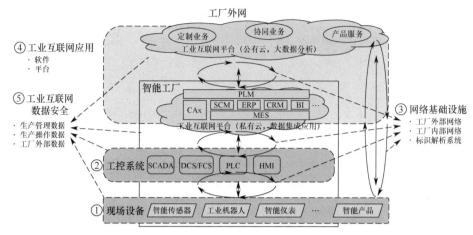

图 8-7　工业互联网安全框架中的防护对象

2. 控制安全

工业互联网使得生产控制由分层、封闭、局部逐步向扁平、开放、全局方向发展。其中在控制环境方面表现为 IT 网络与 OT 网络融合，控制网络由封闭走向开放；在控制布局方面表现为控制范围从局部扩展至全局，并伴随着控制监测上移与实时控制下移。上述变化改变了传统生产控制过程封闭、可信的特点，造成安全事件危害范围扩大、危害程度加深，以及网络安全与功能安全问题交织。

对于工业互联网控制安全，主要可从控制协议安全、控制软件安全及控制功能安全三个方面考虑，可采用的安全防护措施包括协议安全加固、软件安全加固、恶意程序防护、补丁升级、漏洞修复和安全监测审计等。

3. 网络安全

网络安全包括承载工业智能生产和应用的工厂内部网络、工厂外部网络及标识解析系统等的安全。

工业互联网的发展使得工厂内部网络呈现出 IP 化、无线化、组网方式灵活化与全局化的特点，使工厂外部网络呈现出信息网络与控制网络逐渐融合、企业专网与互联网逐渐融合、产品服务日益互联网化的特点。这就使得传统互联网中的网络安全问题开始向工业互联网蔓延，具体表现为以下几方面。

- 工业互联协议由专有协议向以太网（Ethernet）或基于 IP 的协议转变，导致攻击门槛极大降低。

- 现有的一些工业以太网交换机（通常是非管理型交换机）缺乏抵御日益严重的 DDoS 攻击的能力。

- 工厂网络互联、生产、运营逐渐由静态转变为动态，安全策略面临严峻挑战。

此外，随着工厂业务的拓展和新技术的不断应用，工业互联网还会面临由于 5G/SDN 等新技术引入、工厂内外网互联互通进一步深化等带来的安全风险。

网络安全防护应面向工厂内部网络、工厂外部网络及标识解析系统，具体措施包括网络结构优化、边界安全防护、接入认证、通信内容防护、通信设备防护、安全监测审计等，最终构筑全面高效的网络安全防护体系。

4. 应用安全

工业互联网应用主要包括平台与软件两大类，其范围覆盖智能化生产、网络化协同、个性化定制、服务化延伸等方面。目前工业互联网平台面临的安全风险主要包括数据泄露、被篡改、丢失，权限控制异常，系统漏洞利用，账户劫持和设备接入等。对软件而言，最大的风险来自安全漏洞，包括开发过程中因编码不符合安全规范而导致的软件本身的漏洞，以及因使用不安全的第三方库而出现的漏洞等。

相应地，应用安全也应从平台安全与软件安全两方面考虑。对于平台，可采取的安全措施包括安全审计、认证授权和 DDoS 攻击防护等。对于软件，建议采用全生命周期的安全防护，在软件的开发过程中进行代码审计，并对开发人员进行培训，以减少漏洞的引入；对运行中的软件进行定期漏洞排查，对其内部流程进行审核和测试，并对公开的漏洞和后门加以修补；对软件的行为进行实时监测，以发现可疑行为并进行阻止，从而降低未公开的漏洞带来的危害。

5. 数据安全

数据安全包括生产管理数据安全、生产操作数据安全、工厂外部数据安全，涉及采集、传输、存储、处理等各个环节的数据及用户信息的安全。工业互联网数据按照其属性或特征，可以分为四大类：设备数据、业务系统数据、知识库数据和用户个人数据；根据数据敏感程度的不同，可分为一般数据、重要数据和敏感数据。随着数据由"少量、单一和单向"向"大量、多维和双向"转变，工业互联网数据体量不断增大、种类不断增多、结构日趋复杂，并出现数据在工厂内部网络与外部网络之间的双向流动共享的趋势，由此带来的安全风险主要包括数据泄露、非授权分析和用户个人信息泄露等。

对于工业互联网的数据安全防护，应采取明示用途、数据加密、访问控制、业务隔离、接入认证、数据脱敏等多种措施，覆盖数据采集、传输、存储和处理的全生命周期的各个环节。

8.5 5G 安全

5G 面向新型信息基础设施，将推动工业转型升级、加快新型智慧城市建设，赋能云、大、物、移、智等新兴产业，因此其必须适应产业转型升级的需求，实现内生安全保障。

在 5G 时代，随着信息产业国产化的进步，我们拥有了从芯片、操作系统到关键设备和软件系统的生态链条，也具备了自主的 5G 技术、产品和产业，因此具备了实现内生安全的条件。通过安全能力与信息系统的进一步聚合、业务数据和安全数据的进一步聚合、信息化人员与安全人员的进一步聚合，可将安全做得更深入、更细致、更贴合信息化发展对安全真正的、内在的需求。

8.5.1 聚焦 5G 内生安全需求

5G 内生安全需求包括基础设施安全和业务应用安全两个层面，如图 8-8 所示。

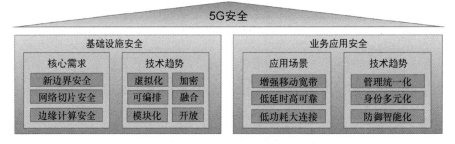

图 8-8 5G 内生安全需求

在基础设施安全层面，安全的内生性主要体现在安全与信息系统的融合。核心需求包括新边界安全、网络切片安全和边缘计算的安全；其总体的技术趋势包括安全技术的虚拟化、模块化、可编排、加密，以及安全能力的融合、开放等。

在业务应用安全层面，安全的内生性主要体现在安全与业务流程的融合，关注增强移动宽带（eMBB）、低延时高可靠（uRLLC）、低功耗大连接（mMTC）三大核心应用场景，实现管理统一化、身份多元化和防御智能化。

1. 基础设施安全

（1）新边界安全

5G 网络打破传统网络边界，需要新的安全架构。从总体上说，5G 网络由终端、接入网、边缘、承载网、核心网几部分构成，5G 网络安全威胁如图 8-9 所示。

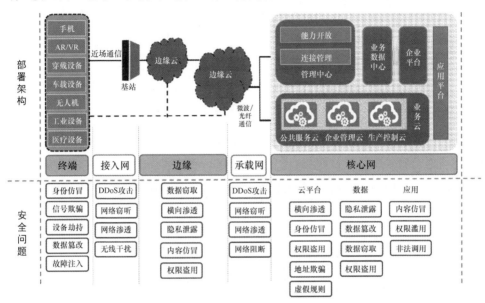

图 8-9　5G 网络安全威胁

对于终端，5G 终端种类繁多、应用复杂，存在身份仿冒、信号欺骗、设备劫持、数据篡改、故障注入等一系列安全问题。

对于接入网，5G 终端的接入以无线接入为主，存在 DDoS 攻击、网络窃听、网络渗透、无线干扰等安全问题。

对于边缘，由于边缘结构多样及边缘云协同的需要，数据与业务交互频繁，存在数据窃取、横向渗透、隐私泄露、内容仿冒、权限盗用等安全问题。

对于承载网，传统网络安全问题仍然是主要威胁，存在 DDoS 攻击、网络窃听、网络渗透和网络阻断等安全问题。

对于核心网，由于其广泛采用虚拟化和软件定义的网络与计算环境，安全问题包括针对云平台的横向渗透、身份仿冒、权限盗用、地址欺骗、虚假规则等，针对数据的隐私泄露、数据篡改、数据窃取、权限盗用等，以及针对应用的内容仿冒、权限滥用、非法调用等。

（2）网络切片安全

网络切片是 5G 网络的关键技术，其采用 SDN 和 NFV 等技术实现物理网络的灵活划分，以应对不同的应用场景。与此同时，SDN 和 NFV 技术也面临新的安全威胁与需求。

① SDN 的安全。

控制平面：集中化的控制平面承载网络环境中的所有控制流，是网络服务的中枢，面临网络窃听、IP 地址欺骗、DoS/DDoS 攻击和木马病毒攻击的威胁。

用户平面：进行数据处理、转发和状态收集，信任控制器下发的流规则，面临恶意/虚假流规则注入、DoS/DDoS 攻击、非法访问、身份仿冒等威胁，还可能面临因虚假控制器的无序控制指令而导致的交换机流表混乱等威胁。

外部接口：南向接口面临协议安全问题和窃听、控制器仿冒等安全威胁。北向接口的开放性和可编程性，使其面临非法访问、数据泄露、消息篡改、身份仿冒、应用程序自身的漏洞等问题。

② NFV 的安全。

NFV 将网络功能整合到行业标准的服务器、交换机和存储硬件上，提供优化的虚拟化数据平面，可通过服务器上运行的软件取代传统物理网络设备，因此在基础设施、虚拟化、虚拟网元方面存在安全威胁，具体如下。

- 基础设施：跨域数据泄露、虚拟化平台安全、密钥泄露、网络配置安全。
- 虚拟化：Hypervisor 安全、虚拟机安全。
- 虚拟网元（VNF）：远程调试和监测漏洞、数据窃取与篡改。

（3）边缘计算安全

多接入边缘计算（MEC）是 5G 网络的核心技术，其能力如下。

- 数据缓存能力：数据存储与内容分发，节省核心网资源。
- 数据分析能力：过滤、压缩海量低价值数据，快速获取有价值信息。
- 提高应用可靠性：在网络不稳定时仍能保证应用可靠性。

边缘计算安全包括架构安全、功能安全、信任机制三个方面。

① 架构安全。

外部威胁：MEC 节点靠近网络的边缘，外部环境可信度降低，管理控制能力减弱，使得 MEC 平台和 MEC 应用处于相对不安全的物理环境中，更容易面临非授权访问、敏感数据泄露、DDoS 攻击、物理攻击等威胁。

内部威胁：运营商网络功能与不可信任的第三方应用同平台部署，进一步导致网络边界模糊、虚拟机逃逸、镜像篡改、数据窃取与篡改等诸多安全问题。

② 功能安全。

攻击面扩大：部分核心网功能跟随 MEC 节点下沉到边缘数据中心，增大了核心网面临的攻击面。

跨节点安全传递：MEC 节点的业务覆盖范围有限，一旦用户发生跨节点切换，将面临站点间相互信任、网络连接上下文传递等安全问题。

③ 信任机制。

MEC 系统是一个多元化的系统，需要为各系统之间构建有效的信任模型，包括用户、行业应用及 MEC 服务之间的信任，移动终端、网络切片、MEC 平台之间的信任，跨区域、跨平台、跨行业的信任。

2. 业务应用安全

5G 将多样化的应用统一到了一个网络中，并且凭借网络切片和边缘计算技术实现了网络的划分和对应用的支撑，如图 8-10 所示。

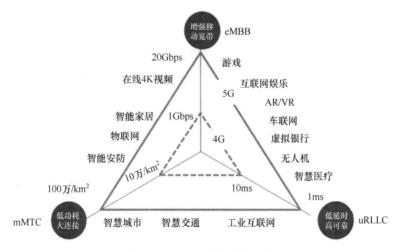

图 8-10　5G 多样化应用场景

多样化的应用产生多元的安全需求。在业务应用领域，面对 5G 网络三大典型应用场景，应满足垂直行业安全需求。

（1）增强移动宽带

增强移动宽带的特点是前期以 2C 应用为主，中后期主要支持 2B 应用（车联网、智慧医疗等）。在网络安全方面以传统安全为主，侧重大流量、高并发和空口安全。大流量、高并发包括流量清洗、IPv6 安全等；空口安全包括频谱安全、空口协议等。其典型应用为移动视频类应用。

（2）低延时高可靠

低延时高可靠的特点为高安全+高可靠+低延时，安全不能影响业务的实时性，主要靠切片安全实现。其安全能力内置，需要具备实时安全，以满足实时系统、专用硬件/App 的安全需要，切片安全以物理切片为主。其典型应用为工业互联网。

（3）低功耗大连接

低功耗大连接的特点为安全能力前移、下沉，海量设备安全可靠，具有成本可控的网络接入。在安全能力前移、下沉方面，需要实现感知前移、防护前移；其边缘云架构注重边缘的安全能力部署，包括数据分析能力、人工智能能力。其典型应用为物联网及智慧城市。

8.5.2　构建 5G 安全新防线

1. 打造融合的安全体系

5G 关键信息基础设施的发展对安全提出了新的需求，需要打造融合的安全体系，如图 8-11 所示。

图 8-11　融合的安全体系

融合的安全体系整体呈现出以下特点。

- 虚拟化：基础设施的虚拟化导致对安全虚拟化的需求。使用虚拟化安全技术保护边缘云和核心云，以及保护云化网络基础设施和虚拟网元安全。
- 组件化：安全需求的多样化和定制化要求快速建立安全能力，完成安全组件的分布式部署。
- 身份化：使用多角色、可扩展的身份管理，基于身份进行跨区域认证与访问控制。
- 集成化：利用组件在基础架构内的自适应能力及其与信息系统的聚合，提升协同能力。
- 智能化：通过安全防护策略的自动化配置，实现智能、主动防御。

为适应新的安全体系，需要开发、完善新技术，开展一系列的试点应用。

2. 实现开放的安全能力

开放的安全能力包括安全资源、安全体系和行业应用三个层面，如图 8-12 所示。

图 8-12　开放的安全能力

安全资源：基于 5G 网络的计算资源和虚拟化能力，建立安全资源池。安全资源池具备统一的架构和接口，能够适应通用的 5G 标准，并与设备和应用解耦。

安全体系：在安全资源池的基础上，实现一系列的安全能力，建立数字身份体系、可信认证体系、通道加密体系、用户数据保护体系、网络防御体系、运维管理体系等。

行业应用：针对不同的行业应用，根据安全需求和资源投入，选取不同的安全资源和安全体系，实现有针对性的、定制化的安全防护。

3. 保障重要行业领域业务安全

业务安全基于对业务流程和应用的深入理解，保障重要行业领域业务安全需要安全企业、信息化企业和行业用户进行联合架构设计、联合开发、联合运营与推广等工作。

（1）联合架构设计

将安全层面的安全分析、情报、信任等体系，与基础设施层面的云、网、终端，以及业务层面的数据、应用充分结合起来，打造一体化的国产化系统，实现统一架构、联合分析、全面联动。

（2）联合开发

联合制定开发流程，打破网络安全和国产化产品开发过程的独立状态，实现团队的沟通乃至融合，从而在关键节点上保持同步；实现基础平台与接口对接，基于联合开发机制，实现基础软硬件平台的整体适配、硬件接口预留、软件预装，从而打通瓶颈。

（3）联合运营与推广

安全的业务系统上线后，安全企业、信息化企业、行业用户应联合开展运营工作，实现安全与业务的联合保障；应共同制定推广方案，在相关领域共同推广，实现双赢。

8.6　远程办公安全

8.6.1　国内远程办公热度增加

美国火箭专家杰克·尼尔斯于 1973 年首次提出远程办公概念，之后 IBM、谷歌、亚马逊等国际企业也陆续采用远程办公的制度。2020 年，我国众多企业也尝试安排员工在家远程办公。除日常工作协同沟通、视频会议等基本应用方式外，还出现了远程签约、远程开发、远程运维、远程客服、远程教学、企业在线直播等更丰富的应用方式。

8.6.2　远程办公普及或致网络安全威胁激增

远程办公模式给企业自身安全带来了很多挑战，如安全边界被打破、存在数据安全风险、权限管控无序、蠕虫蔓延、黑客攻击、核心业务暴露等。

为了确保远程办公的运行效率，传统办公网络的边界被打破，各单位不得不让大量没有安全保障的设备通过各种网络接入原本戒备森严的内部信息系统，安全风险剧增。保障远程办公的网络安全成为迫切的任务。

远程办公的迅速普及响应了市场需求，但由于研发时间过短，网络安全却成为被严重忽视的一面，网络安全体系规划及措施严重滞后，这就带来了全新的安全风险，主要表现在以下三个方面。

1. 网络暴露面增加

为了支持远程办公，更多的业务系统需要对互联网开放，无论是通过端口映射将业务系统直接开放公网访问，还是使用 VPN 打通远程网络通道，都是在原本脆弱的网络边界上打上了更多的洞，使网络暴露面增加。

2. 接入网络的人员、设备、系统的多样性呈指数型增加

远程办公模式允许员工、外包人员、合作伙伴等各类人员使用家用计算机、个人移动终端，从全国各地、全天候地远程访问业务。参差不齐的终端接入系统，各种接入人员的身份和权限管理混乱，这些都给网络安全带来了极大的不确定性，给企业运营带来极大安全风险。

3. 数据流动的复杂性

企业的业务数据在复杂的人员、设备、系统之间频繁流动，原本只能存放于企业数据中心的数据不得不面临在员工的个人终端中留存，企业数据和个人数据甚至混在一起，企业数据的机密性难以保证，数据泄露和被滥用的风险大幅增加。

可见，远程办公的复杂性导致企业已经不存在单一的、易识别的、明确的安全边界，或者说，企业的安全边界已经瓦解，传统的解决方案难以应对。近年来，外部攻击的规模、手段、目标等都在演化，有组织的、以数据及业务为攻击目标的 APT 攻击屡见不鲜，可以说企业的安全边界原本就已经很脆弱，而远程办公让这种情形雪上加霜。

8.6.3　远程办公常态化趋势下的安全思考

针对远程办公常态化的趋势和其面临的安全挑战，企业该如何保障自身的安全呢？

1. 常态化思维审视远程办公安全

大规模的远程办公导致网络威胁加剧，传统的边界安全体系失效，但业界应该清晰地意识到，这些安全挑战长期存在，并非由远程办公导致。

事实上，数字化转型推动着云、大、物、移、智等新技术的采用，早已埋下了边界瓦解的种子，业界应该直面这种趋势，把远程办公看成现代企业业务的一个有机组成部分，将其作为一种常态。企业"边界"之外的人、设备、系统接入网络是不可逆转的趋势，企业的业务和数据走出"边界"也是信息技术发展的必然结果。

我们应基于常态化思维，审视现有的安全架构，将远程办公作为企业数字化转型的一个业务场景，避免将远程办公作为一个单点进行加固，而应该针对企业不得不面临的新 IT 环境进行安全体系构建。

2. 基于零信任架构进行安全革新

在远程办公常态化，或者说网络的无边界时代，我们应该假设系统一定有未被发现的漏洞、一定有已发现但仍未修补的漏洞、一定已经被渗透、内部人员一定不可靠。这"四个假设"就彻底推翻了传统网络安全隔离的技术方法，彻底推翻了边界安全架构下对"信任"的假设和滥用。基于边界的网络安全架构和解决方案已经难以应对如今的网络威胁。

面对越来越复杂、严峻的网络安全形势，零信任架构应运而生。零信任架构认为默认情况下不应该信任网络内部和外部的任何人、设备、系统，需要基于认证和授权重构访问控制的信任基础。零信任架构对访问控制进行了范式上的颠覆，其本质是以身份为基石的动态可信访问控制，是一种网络/数据安全的端到端方法，关注身份、凭证、访问管理、运营、终端、主机环境和互联的基础设施。

3. 基于内生安全理念，构建移动办公安全保障

远程办公中经常会出现员工使用自己设备的场景，这种现象在移动化业务上更为突出。员工使用自己的手机、平板电脑访问企业业务系统，企业的数据会存储在员工自己的设备上。企业需要基于内生安全理念，在不触碰用户隐私的基础上，构建威胁感知、安全隔离、加密、数据防泄露等安全组件，将安全组件聚合在业务应用之内，与业务应用或系统共存于相同的生命周期中，既不触碰用户隐私，又保障企业业务在个人设备上的应用安全、数据安全等。

4. 加强员工安全教育和培训

远程办公安全离不开对员工的安全教育和培训。

远程办公场景下，员工面临的网络风险和现场办公存在较大的差异，由于办公场所的变更，员工的安全意识也会出现一定程度的弱化。

因此，应有针对性地加强员工安全教育和培训，帮助员工了解他们可能无意间引入企业的安全风险，并对他们进行有关场景风险的缓解和处置方式的培训，降低其由于缺乏安全意识而导致的安全风险。

第 9 章
网络安全拓展阅读

本章前两节用比较通俗的语言，阐述了安全引擎和漏洞挖掘的基本原理与方法；后面几节分别从安全意识、口令设置和人脸识别等贴近日常工作与生活的安全问题出发，介绍各种潜在的安全风险与应对措施，以期帮助读者从更加丰富的视角理解网络安全。

9.1　安全引擎技术的升级换代

技术的迭代通常伴随着问题的演化，不同时期的安全问题，引出了不同时期的防护技术。不同的防护技术，又不断被针对、被挑战，可以说威胁和安全从一开始就是"对立统一"的，它们相互针对、相互制约与突破。安全引擎技术的进步同样是攻防对抗过程不断演进的结果。

1. 第一代安全引擎：特征码查黑

第一代安全引擎的核心目标是杀毒，所以一般也称为杀毒引擎。其核心技术是"特征码查黑"技术，也称为"静态黑特征匹配"技术。通俗地说，就是通过给恶意文件"打标签"的方式，将恶意文件鉴定为"黑样本"，之后安全引擎只要发现这些"黑样本"的标签，就对该样本进行查杀或隔离。其原理类似现实社会中的"通缉令"，只要某人被发现，并被认定为"坏人"，那么以后不管在任何地方，只要"坏人"出现，就被能识别出来并被查杀。

了解了第一代安全引擎的原理，我们不难发现，这一代技术的特点是先发生安全事故，然后识别安全问题，拿到恶意文件，通过对文件进行分析，进而提取出"黑特征"，之后再通过升级安全引擎对"黑特征"进行识别和处理。这是一种典型的"事后处置"的逻辑。

针对第一代安全引擎的技术，攻击者演化出了各种对抗技术，其中"壳"技术最具有代表性。所谓"壳"技术，就是在恶意文件外加上一层"壳"，有了这层

"壳"，基于"黑特征匹配"的方法就失效了，就像"坏人"化了妆，整了容，就变样了，不会被认出来了。

这一时期，"加壳"和"脱壳"成了对抗主旋律。早期互联网普及度有限，病毒传播速度并不快，因此提取"黑特征"的滞后性是可以接受的，但随着互联网时代的到来，这种基于特征码查黑的技术就显得力不从心了，进而催生了下一代安全引擎。

2. 第二代安全引擎：行为检测 + 非白即黑

第一代安全引擎的核心问题是提取"黑特征"的滞后问题，以及越来越多、无法穷尽的"黑特征"所带来的防护成本的攀升问题。第二代安全引擎比较好地解决了这两个问题。第二代安全引擎的核心技术是"行为检测+非白即黑"。

第一种技术是"行为检测"技术。该技术把目光放在了"行为"上，而不是"特征"上，安全引擎检查的是"黑行为"，而不再是"黑特征"。只要程序在行为上有威胁，会带来安全风险，就会被安全引擎阻拦。这就像一名警察不再只关注"坏人"的面部特征，还关注"坏人"的恶意行为。因为坏人可能化了妆、整了容，其面部已经发生了变化，而观察行为则可以"一劳永逸"。

不过，单独使用"行为检测"技术的局限性也非常明显。例如，城管为了满足市容市貌要求，解决违章停放问题，而擅自挪动停在路边上的自行车，仅从"行为"上看，这个行为和偷盗者的行为类似，如果不知道其身份，没有前因后果，很难准确区分。因此，这种技术的问题就是"误报"严重。为了解决"误报"问题，通常安全软件会询问用户的选择，把对问题的判断和决策权交给用户，这对用户来说显得过于专业，过于困难。因此，这种技术所取得的成果是有限的。

第二种技术是"非白即黑"。该技术的解决思路是：既然我不能穷举"黑特征"，也无法依靠"行为检测"彻底解决安全问题，那么就换个思路，把所有"白特征"收集全，把所有正常系统和应用使用的文件特征都识别出来，而除此之外的都是"黑特征"。这就像我们常见的会议出席证，我们只把证件发给合法合规的人，所有没有证件的人一律不得入内，这样把威胁拒之门外。

这种技术在一段时期内效果非常明显，有效抑制住了安全威胁，但同时也成了所有攻击者试图清除的"障碍"。最终，新的攻击方法和形式也成功突破了这种技术的防护，并且成功制造了多次重大安全事故，这就是漏洞利用及后门问题。

漏洞是所有系统、程序都不可避免的自身"缺陷"，可以被攻击者利用，实现其攻击目的，可以说任何系统和程序理论上都是存在漏洞的。

当系统厂商或安全企业发现漏洞后，会发布"补丁"来消除漏洞，避免因漏洞被利用而带来的安全风险。而当漏洞被攻击者发现时，或者当攻击者掌握了漏洞时，则会想方设法利用漏洞达成攻击目的。

后门则是系统及应用厂商"故意"留下的"通道"，对外是"隐蔽"的，只有知道后门的人才可以使用后门。后门问题带来的安全风险更大，因为漏洞可以通过打补丁的方式来解决，但后门是"故意"留下的，没有相应的补丁。

打个比方，我们还以会议出席证为例。假如拥有出席证的那个人身上带有窃听器呢？假如这个人是个间谍呢？假如出席证是伪造的呢？攻击者恰恰利用了合法合规的身份，完成了攻击任务。这类攻击方法利用"白程序"的漏洞或者干脆使用预先留下的后门完成攻击任务，直接躲过了"非白即黑"的防护技术。大名鼎鼎的震网病毒，就是典型的利用漏洞完成攻击的病毒，造成了不可挽回的灾难性后果。

时至今日，网络安全领域的很多攻击都在利用漏洞完成，而后门更加隐蔽。漏洞和后门成了网络安全领域必须解决的问题。这就是第三代安全引擎产生的主要背景。

3. 第三代安全引擎：内存指令控制流检测

第三代安全引擎摆脱了对文件、流量、数据、行为等特征的依赖，采用了"内存指令控制流检测"技术，并与机器学习、人工智能技术深度结合，可从系统的底层发现漏洞及攻击代码的执行，且检测不依赖漏洞及攻击代码的特征，与漏洞是否已知无关。这就意味着第三代安全引擎对未知漏洞也有非常有效的安全防护效果。

"内存指令控制流检测"这个名词过于专业，不好理解，但我们可以抽象地将其理解为更加精准的识别能力。这就像让你去识别一个整过容的"坏人"，可能你无法认出他的脸，但他的某些特有的动作习惯还是能让你一眼就认出；或者对这个人进行 DNA 检测，即可辨别真伪。毕竟，一个人要整容很容易，但要改变自己的行为习惯，改变自己的 DNA，就要困难得多了。而第三代安全引擎，实际上就是通过更加底层的技术去识别攻击者的特有动作或追踪他的 DNA，最终使威胁无处藏身，让基于漏洞和后门的攻击难以实现。

严格地说，第一代、第二代安全引擎都是杀毒引擎，主要针对病毒等恶意程序。但实际上，当攻击者利用漏洞或后门发动攻击时，并不一定要使用病毒，可能仅仅使用了一行简单的指令或者一组二进制代码。因此，第三代安全引擎已经超出了杀毒引擎的概念范畴，它是对攻击行为的深层检测，是对所有漏洞和后门利用技术的检测。

第三代安全引擎是为应对当前漏洞和后门问题而研发的，弥补了过去两代安全引擎的不足。但第三代安全引擎也不是完美的，随着攻击方式、攻击技术的不断进化，安全引擎也必须持续进化与发展。

9.2　安全漏洞是如何被发现的

安全漏洞是软件、硬件或系统的一种设计缺陷，使攻击者可以实现设计者预期以外的某些非法操作，进而达到破坏系统运行或危害用户的目的。不过，缺陷并不一定都是漏洞，只有危害系统安全的缺陷才是漏洞。如果一个缺陷只影响系统运行，但还没有达到危害系统安全的程度，那么，我们一般只称之为缺陷或者 Bug。

及时发现和修复安全漏洞，是网络安全工作者重要的基础性的工作。下面介绍网络安全工作者一般是通过哪些方式发现和挖掘安全漏洞的。

1. 如何发现未知的安全漏洞

（1）方法 1：人工代码分析

这是系统专家或代码高手常用的"挖洞"方法。这些人往往精通某个特定的系统或软件，如 Windows、Android、iOS、Web 建站系统、常用软件等，或者精通某一类编程语言，如 VB、C、C++、Java 等。这些人会直接通过自己的"火眼金睛"，从程序源代码或反编译的代码中找出系统存在的安全漏洞。

不过，这种"挖洞"方法过于依赖高手的存在，往往具有一定的偶然性，难以"量产"。在企业级应用中有很大的局限性。

（2）方法 2：源代码审计

这是一种自动化的源代码漏洞分析方法。简单来说，就是通过对大量已知安全漏洞的研究，分析出漏洞产生的原理、模式和常见的代码规律，形成一个知识库，之后再利用这个知识库，对新开发的软件或系统的源代码进行自动检测，从中发现潜在的、未知的安全漏洞。

从本质上说，源代码审计就是将专家常用的分析方法、分析过程程序化、自动化。这种方法的检测效率比较高，能够量产；但这种方法一般很难发现原理完全未知的新型漏洞，所以需要不断地更新漏洞知识库。

（3）方法3：恶意程序分析

这是安全分析人员常用的"挖洞"方法。当安全分析人员捕获到某些新型木马病毒样本时，就会将它们放入一个隔离的虚拟环境中运行，以观察这些程序的活动和行为。如果某个木马病毒在攻击过程中利用的是一个或几个新型漏洞，就会在这种分析中显现出来，并被安全分析人员捕获。

不过，这种方法实际操作起来也不那么容易，毕竟全球每天都有大量新的木马病毒诞生，要从中找出几个特殊的样本，犹如大海捞针。

（4）方法4：崩溃测试分析

这是从软件测试工作中演化出来的一种漏洞分析方法。为了保证软件系统的稳定性和健壮性，测试人员往往会使用人工或自动化的方法对软件和系统进行崩溃测试。比如，手动在软件界面中随意单击，或向软件输入各种"乱七八糟"（其实是专门构造的）的数据等。如果这些"胡乱行为"引起了软件的崩溃，如闪退、显示异常等，就说明软件的编写是有缺陷的。而每一个缺陷的背后都有可能潜藏着一个安全漏洞。

（5）方法5：业务流程分析

有些安全漏洞并不是由程序代码引起的，而是由于业务流程的设计本身存在安全风险。比如，一个实名认证系统要求验证用户的身份证，但无法识别验证者使用的是否是自己的身份证，那么这个认证系统的设计实际上就是有漏洞的，就给了犯罪分子可乘之机。

在业务流程中找漏洞，需要了解业务，但不一定需要拥有高超的计算机技术，因此受到各类犯罪团伙的青睐。有时，安全人员对此类漏洞的发现能力还不及黑产团伙。

2. 如何检测已知的安全漏洞

（1）方法1：开源代码检测

如今，绝大多数的软件或系统都是在"开源工程"的基础上进行开发的。所谓开源工程，是指源代码已经公开的代码工程，它们往往是由一些大公司或开源组织发布的，如 Android、Linux 等。微软、谷歌、亚马逊、阿里巴巴、腾讯、百度、华为等公司都发布过大量的开源工程。

使用开源工程进行开发，难免会把开源工程本身存在的安全漏洞引入到新开发的软件或系统中。因此，我们可以用已知的开源漏洞库去检测新开发的软件或系统的源代码，这就是开源代码检测。

（2）方法 2：网络扫描检测

如果一个系统或设备是联网的，那么就可以通过网络扫描的方式来检测漏洞。具体的方法是：首先根据已知漏洞库构造一些特殊的数据包，再将这些数据包发送给要检测的系统或设备，根据系统或设备做出的反应，来判断其是否具有特定的安全漏洞。一般来说，安全扫描所用的数据包都是无害的，而攻击者则可能直接发送有害的数据包。

并非所有已知漏洞都能够进行自动化的扫描检测。同时，根据相关法律规定，进行扫描检测，首先需要得到系统或设备所有者的授权或同意。

（3）方法 3：渗透测试

渗透测试是大型企业和机构对其内部信息系统进行漏洞风险评估的一种方法。这些信息系统的构成往往比较复杂，是多种网络技术、应用和服务的综合系统。对这样的系统进行漏洞检测，需要综合多样的漏洞发现技术，而不是使用某一类单一的漏洞发现技术。

渗透测试一般由企业和机构聘请白帽子（做好事的黑客）或安全服务人员在互联网上对其内部信息系统进行入侵或渗透，主要目的是检测纯技术型漏洞，一般不涉及员工安全意识或管理盲区等问题。

（4）方法 4：红队测试

红队测试是从实战攻防演习中衍生出来的一种安全检测方法，主要目的是使用接近真实攻击者的思维和技术手段，去发现企业和机构内部的业务系统漏洞、IT 架构漏洞和安全管理盲区。这些漏洞和盲区的实际危害远远大于一般的代码漏洞或纯技术型漏洞。

红队测试，就是只有攻击队，而没有防守队的一种简化形式，它比渗透测试的范围更广，更接近实战。

9.3 企业网络安全意识管理的要点

网络安全意识无疑是企业网络安全体系建设的重要组成部分。良好的群体安全意识可以弥补安全技术与产品的不足，而安全意识的不足则有可能使一切防御手段全部失效。

不过，绝大多数的管理者在谈及网络安全意识问题时，往往只会想到要积极地开展安全意识教育或安全意识培训，却常常忽视网络安全意识本身也是企业网络安全管理的一部分。可以通过科学的、系统的、可量化的管理方法，保障企业员工的整体安全意识水平，使之能够适应企业生产或办公的安全需求。

1. 网络安全意识的概念与层次

网络安全意识，是指网络设备、网络系统的使用者（包括个体或群体）在进行设备操作或网络活动过程中对潜在的网络安全风险的感知意识、防范意识和行为意识。

网络安全意识的形成是一个复杂的过程，它是知识、技能、习惯等因素共同作用的结果。如果不考虑技术因素，对于非专业网络安全工作者来说，网络安全意识的形成一般可以分为 4 个层次，它们由低到高分别是安全基础知识、安全行为准则、安全行为习惯和安全监督意识。

（1）安全基础知识

网络安全基础知识，是指普通人可以理解的、常用的、基本的网络安全常识。具体包括计算机、手机、物联网设备等的安全风险，办公系统的常见风险，以及安全用网的基本技能等。

掌握必要的、基本的网络安全知识，是员工正确理解安全管理规范，养成良好的安全行为习惯的基础。

（2）安全行为准则

安全行为准则是指一个人在使用网络设备或网络系统时所遵循的基本行为规范。

通常情况下，安全行为准则是一个企业网络安全管理的规章制度在员工个人意识中产生的映射。这种映射可能是不完整的、有偏差的；同时，即使员工知晓和记住了这些准则，也未必能够完全理解和遵守。

（3）安全行为习惯

安全行为习惯是指员工在安全基础知识、安全行为准则的基础上养成的良好的、符合网络安全要求的行为习惯。网络安全意识只有上升到安全行为习惯这个阶段，才能真正发挥有效作用。

（4）安全监督意识

安全监督意识是指员工除自己遵守安全行为准则，养成良好的安全行为习惯之外，还能及时有效地发现和阻止他人的不安全网络行为，从而进一步保障企业整体的网络安全意识。

安全监督意识是网络安全意识的较高层次，普通员工，甚至绝大多数的管理者都很难做到。

需要说明的是，只具备网络安全意识，并不足以有效地保护企业信息系统的安全。网络安全意识必须与各种网络安全技术手段相结合，才能发挥实际功效。但是，如果没有网络安全意识，再坚固的网络安全防御系统也会被轻易击破。

也就是说，好的网络安全意识可以增加系统的网络安全系数；但不好的网络安全意识则有可能击穿任何严密的防御系统。网络安全意识是保障系统可靠运行的"主观基础"。

2. 网络安全意识管理的概念与方法

网络安全意识管理是企业网络安全风险管理的一部分，是指通过科学的、综合的、可评估的手段，系统性地提升员工的网络安全意识，降低因员工网络安全意识不足引发网络安全事故的风险，从而提升企业整体网络安全建设水平，适应安全生产需求的一种管理方法。

网络安全意识管理的重要目标之一，就是激发员工的自主安全意识，而非被动接受管理。企业不仅需要通过网络安全意识管理，让员工充分理解和执行相关的管理规章，而且应当通过综合管理手段的运用，使员工网络安全意识的提升成为提高生产效率、提升员工绩效、促进安全生产的关键动力。

网络安全意识管理是一种安全技术、行政管理与宣传推广相结合的现代信息化管理方法。具体来说，一般包括 5 种管理手段：安全意识教育、安全管理规章、安全意识考核、网络行为监测、安全意识演习。

针对网络安全意识的 4 个不同层次，管理者应当选择不同的手段来提升员工的网络安全意识。表 9-1 给出了这 5 种管理手段与网络安全意识 4 个层次的对应关系。

表 9-1 网络安全意识的层次与相应管理手段的对应关系

网络安全意识的层次	管理手段
安全基础知识	安全意识教育、安全意识考核
安全行为准则	安全管理规章、安全意识教育、安全意识考核
安全行为习惯	网络行为监测、安全意识演习
安全监督意识	安全管理规章

下面，我们分别对这 5 种管理手段进行介绍。

（1）安全意识教育

安全意识教育主要用于普及安全基础知识和推广安全行为准则。

安全意识教育的形式主要包括摸底调研、定期培训、日常宣传、在线教学、综合活动等。常用的安全意识教育的宣传渠道主要包括内网平台、微信公众号、内部社交平台等。表 9-2 给出了不同安全意识教育形式对应的具体实现方法。

表 9-2 不同安全意识教育形式对应的具体实现方法

教育形式	具体实现方法
摸底调研	暗访调研（线下）、公开调研（线上或线下）
定期培训	专家宣讲、互动教学、攻防演示
日常宣传	文章、手册、漫画、海报、视频宣传等
在线教学	视频课程、在线学习系统、在线答题/考试、在线游戏
综合活动	结合国家网络安全周等特定时段，进行集中式的综合性宣传教育活动

（2）安全管理规章

安全管理规章是由企业制定的，明确要求员工在工作或生活中需要知晓和遵守的网络安全管理规范、规定或章程。具体来说，安全管理规章可以分为指导性规章和强制性规章两种。强制性规章应辅以一定监控手段和处罚手段才能有效实施。

安全管理规章一般由企业的信息安全管理部门制定。需要说明的是，规章的制定应当与企业的生产、办公环境特点紧密结合。照搬、照抄或制定一些无法监控、无法落实的规章，很有可能会有适得其反的效果，反而会降低规章的严肃性和威慑力。

特别地，还可以通过安全管理规章鼓励员工之间相互监督、相互促进，提升员工的安全监督意识。

（3）安全意识考核

安全意识考核是定量评估安全意识教育成果及员工日常安全意识状况的手段。

安全意识考核的主要手段包括 4 种：考试、监测打分、检查和攻击测试。表 9-3 给出了各种安全意识考核的手段及其具体实现方法。

表 9-3　安全意识考核的手段及其具体实现方法

考核手段	具体实现方法
考试	线上考试、线下考试、随机抽样考试等
监测打分	基于网络安全监测数据，定期进行安全意识评估
检查	对于某些监测手段难以覆盖的领域进行专项或突击检查。例如，检查计算机是否锁屏、账号是否外借、涉密文件保存方式是否正确等
攻击测试	暗中对目标人群发起可控的网络攻击，以检验其安全意识

需要说明的是，从形式和方法上来看，"攻击测试"与后文将要介绍的"安全意识演习"非常相似，但二者的目的是不同的。前者是为了"考核"目标人群的安全意识水平是否"达标"，而后者则纯粹是为了教育，为了提升演习参与者的安全意识水平。

（4）网络行为监测

网络行为监测是指基于信息系统的安全监测数据，实时发现员工不安全的网络行为，并予以阻止或规诫的安全管理方式。网络行为监测是网络安全意识管理可靠性的关键保障，也是企业进行网络安全意识管理时采用的主要技术手段。

比较常用的网络行为监测技术包括终端安全管控、上网行为管理、账号弱密码检测、安全日志审计等。

安全意识考核中的"监测打分"就是对网络行为监测数据进行统计打分。不过，打分只是监测的一种方法，其根本目的还是实时把控风险。

（5）安全意识演习

安全意识演习是指通过模拟攻击者的攻击方式来实战，以提升员工安全意识水平。

安全意识演习通常会采用各种网络上常见的钓鱼欺骗式手段，在事先不告知目标人群的情况下，对其进行模拟攻击，再通过监测目标人群对攻击的反应，来提升员工的安全意识水平。

安全意识演习常用的攻击手段包括钓鱼邮件、钓鱼社交、钓鱼 U 盘、钓鱼 Wi-Fi、扫码钓鱼等。

由于安全意识演习的目的是提升安全意识，因此在进行钓鱼欺骗式攻击时，通常不会使用特别高级的伪装方法或特别高级的攻击技术。

3. 网络安全意识管理的层次

怎样综合运用各种网络安全意识管理方法来提升企业的整体安全意识水平，就是网络安全意识的管理策略问题。而管理的具体策略和手段，需要依据企业的办公、生产特点及相关人员的岗位、级别进行设计和选择。

（1）信息化依赖程度

企业和机构的分类多种多样。但从网络安全意识管理的角度来看，影响具体的管理策略与手段的主要因素是办公、生产对信息化的依赖程度。据此，我们大致可以将相关行业分为以下几种类型：IT/互联网行业、信息化高依赖度行业、信息化高普及率行业、网络安全高风险行业。

下面分别介绍不同行业的特点和管理重点。

① IT/互联网行业。

典型代表：互联网公司等。

特点：行业内企业大多是网络与信息服务的提供者，网络安全是其生命线，且多数员工具有 IT 技术基础。

管理重点：安全开发、安全测试、安全上线、安全运维。

② 信息化高依赖度行业。

典型代表：金融、电力、交通运营商等。

特点：业务高度依赖信息系统，信息系统是其业务运行的基础。此类机构对网络安全的要求远远高于一般机构，但绝大多数员工并不了解 IT 技术。

管理重点：安全规章、业务规章的落实，安全基础知识教育。

③ 信息化高普及率行业。

典型代表：教育、医疗、生活服务行业的企业等。

特点：信息化普及程度较高，但生产过程本身并不完全依赖信息系统；绝大多数员工不了解 IT 技术；网络安全事故通常不会造成致命打击。

管理重点：普通员工的安全基础知识教育，信息化人员的专业安全管理。

④ 网络安全高风险行业。

典型代表：政府、事业单位、公检法机构、现代制造业企业等。

特点：信息化程度高低不一，绝大多数员工不了解 IT 技术；一旦发生网络安全事故，往往会产生政治风险、造成工厂停产等对社会影响较大的后果。

管理重点：普通员工的专项安全教育，信息化人员的专业安全管理。

（2）岗位与级别

对不同岗位/级别的员工，网络安全意识的管理重点也不同。一般来说，员工级别越低，接触信息系统的风险就越低，接触敏感信息的机会就越少。但专业技术人员或企业中高层领导，则有可能接触到单位的大量核心系统和核心机密，因此需要具有更高、更专业的安全意识水平。同时，对于很多大中型机构的领导干部来说，学习网络安全与信息化相关的政策法规也非常重要。

表 9-4 给出了不同岗位/级别员工的网络安全意识管理重点。

表 9-4　不同岗位/级别员工的网络安全意识管理重点

岗位/级别	网络安全意识管理重点
普通员工	安全规章、安全办公、诈骗防范
财务人员	政策法规、诈骗防范
IT/网络研发/运维人员	安全开发、安全测试、安全运维
领导干部	政策法规、前沿趋势、高级防黑
特殊/敏感岗位	定向专业培训

9.4　怎样设置一个安全的口令

口令，是账户安全的第一道防线。口令泄露，可能导致隐私泄露、财产被盗取，商业机密不复存在。

在生活中，我们常常把"口令"叫做"密码"，不过，为了与数据加密所使用的专业密码技术相区分，本节使用"口令"这个更加标准的说法。

1. 黑客是怎么盗号的

很多人都好奇，我的口令，黑客怎么能猜到？下面我们就来盘点一下黑客盗号的秘密。

（1）黑客盗号第一招：暴力破解

所谓暴力破解，就是把口令所有可能的排列组合都试验一遍。用现代计算机手段，破解 15 位的纯数字口令，最多只需要零点几秒，这就是口令既不能太短，也不能使用纯数字的原因。

（2）黑客盗号第二招：流行口令库

统计显示，世界上最流行的 100 个口令，可以登录全球 70% 的上网账户。所以，黑客通常根本不需要太长时间，只需要尝试 100 个口令就足够了。

例如，123456、password、woaini1314（流行语）、!qaz@wsx（键盘组合）……这些都是流行弱口令，千万不能用。

（3）黑客盗号第三招：生日攻击法

本人、父母、子女、爱人的姓名、单位、生日和电话，这些信息及信息的排列组合，都是黑客破解口令的优先选择。所以，这些信息也不要作为口令。

（4）黑客盗号第四招：拖库与撞库

拿下一个网站，就拿到了所有用户的账号和口令，这称为拖库。用拖库得到的账号和口令，再去尝试登录其他的网站，十有八九也能成功，这称为撞库。所以，在不同网站使用相同的账号和口令极不安全。

2. 怎样设置安全的口令

知道了黑客怎么盗号，我们也就知道了该怎样设置口令。

首先，一定要避免流行弱口令，口令要足够长，足够复杂。15 位以上的"数字 + 字母大小写 + 特殊符号"的口令比较安全。

第二，要随时防范撞库的风险，不同的账号要设置不同的口令，特别是社交平台、邮箱和支付账号，一定要单独设置口令。

第三，拖库的风险很难避免，所以每隔 3～6 个月就要更换一次自己的口令。

3. 怎样记住复杂的口令

口令要长、要复杂，还得经常换，谁能记得住？

别着急，编造和记忆口令也有妙招。

Xiyangyangyuhuitailang

您看得出上面的口令是什么吗？对了，就是"喜羊羊与灰太狼"，在其前面加几个符号，后面添几个数字，一个强口令就诞生了。是不是也不太难？

4. 提示

输入口令时要防他人偷看。

聊天、发短信、发邮件时不能泄露口令。

口令找回的问题设置一定要答非所问（黑客不好猜）。

带有短信验证，VPN 动态口令等双因子认证的账号更安全。

9.5 人脸识别技术的安全新挑战

自从 2018 年的某场演唱会成为全国追逃大舞台以来，人脸识别技术就一次又一次地刷新了我们的生活认知。在美国，警方利用该技术确认了大规模枪击案的嫌疑人；在印度，警方利用该技术在 4 天内确认了近 3000 名失踪儿童的身份；FaceBook 利用该技术为视障人士识别照片中的人物；在国内，警方利用人脸识别与 AI 技术，一次性找回了 4 名走失 10 年的孩子。

人脸识别技术给生活带来的便利是革命性的，我们不但可以刷脸支付（如图 9-1 所示）、刷脸打卡、刷脸入住酒店，而且可以刷脸上飞机（如图 9-2 所示）。

图 9-1　消费者在超市刷脸支付

但是，2019 年 8 月以来，接连发生了多起与人脸识别技术相关的安全事件，引起公众的关注。一时间，人脸识别技术似乎正在从带来快乐，逐渐演变成带来恐慌。

本节将结合实例进行分析和介绍，给出一些人脸识别技术安全应用的建议，希望能帮助读者更好地理解人脸识别技术应用的风险，正确使用人脸识别技术。

图 9-2　国内部分机场支持刷脸进站

1. 换脸软件已成熟

2019 年 8 月，一款名为 ZAO 的软件让很多国内用户了解了视频换脸这个"好玩"的功能。类似的软件在国外已经流行了一段时间，比较有名的软件包括 Deepfake 等。

实际上，智能换脸技术早在 2017 年就已经在 3·15 晚会（如图 9-3 所示）展示。当时的智能换脸系统还比较简单，但已经完全可以通过人工智能技术，为摄像头前的真人换脸，换脸所需要的仅仅是另外一个人的一张普通照片，而且换脸后人的视频图像，还能与摄像头前的真人的表情和动作完全一致。

图 9-3　2017 年 3·15 晚会现场展示换脸技术及其风险

测试表明，即便以当时的技术水平，也已经完全有能力骗过目前绝大多数的人脸识别系统。但是，当时能够掌握这种技术的主要还是一些人工智能专家，而随着换脸软件的日渐成熟，这种操作普通人也能轻易完成。

换脸技术甚至催生出了很多新型的黑灰产业，比较典型的就是"过脸"产业，也有人称之为"反人脸认证"产业。这是一个专门帮助无法完成账号实名认证的人群完成实名认证，以获取利益的黑灰产业，其业务核心就是将带有背景的人脸照片修改成动态图像，实现诸如"眨眼""点头""摇头"等动作。动态图像生成后，再打开 App 的认证功能，将摄像头对准经过处理的动态图片，即可完成人脸认证。

其实，换脸技术的门槛比绝大多数人想象的要低得多。我们既然可以通过人工智能技术轻易地捕捉到动态的人脸，那么用人工智能技术给这张脸换一套"皮肤"，自然也不是什么难事。

有很多网络安全工作者对换脸照片、换脸视频不满，决心用技术手段进行对抗。2019 年 9 月，谷歌工程师免费分享了 3000 多条经过后期加工的"换脸视频"样本，以期帮助研究人员给人脸识别系统装上"火眼金睛"，使其能够快速识别出哪些视频是伪造的。

2. 人脸数据公开卖

2019 年 9 月，《北京青年报》报道了一起"人脸数据"公开售卖事件。在一家网络商城中发现，有商家公开兜售"人脸数据"，数量达 17 万条。对于很多人工智能或机器学习的研究者来说，看到这条新闻可能会不以为然。因为要进行人脸识别研究，就必须要有大量的照片素材库。但记者调查发现，很多照片的当事人对于自己的人脸数据被收集和交易一事完全不知情。

上面的案例并非人脸数据交易的个例。2019 年，有国外媒体报道某知名公司涉嫌诱骗无家可归者出售其人脸数据，称其以价值 5 美元的代金券引诱随机的陌生人出售人脸数据，从而训练人脸识别系统。

相比于人脸数据交易，更加可怕的是人脸数据泄露。2019 年 2 月，有国外媒体报道某知名人脸识别公司发生大规模数据泄露事件。该公司此次泄露的数据包含超过 250 万人的信息，不仅包括人脸图像及捕捉地点，还包括身份证号码、地址、生日等敏感信息。

客观地说，在换脸软件、刷脸应用等大量出现的今天，安全问题不容忽视。对于黑产团伙或恶意攻击者而言，有了他人的"人脸数据"，再配合上一些"打包"

出售的辅助数据，就可以伪造一个人的各种视频资料，冒充他人的身份从事各种非法的网络活动，甚至可以通过技术手段盗刷他人的各类银行卡。

3. 打印照片可取件

在很多人心目中，人脸、指纹、声纹、虹膜等生物特征，都是独一无二的，是随身"携带"的最安全的通行证，这是现代社会错误的安全认知之一。造成这种错误认知的主要原因有两个方面。

一是早期（10~20年前）的科幻电影大量使用生物识别技术镜头来展现未来科技，以至于这些技术日渐成熟和普及之后，人们在自己的心中已经默认给其打上了"安全""可信"的标签。

二是网上银行、第三方支付平台等很早就开始对刷脸支付进行推广，使人们在感受方便的同时，误以为刷脸很安全，而没有意识到刷脸的背后，有着严格的场景选取和复杂的安全保障技术。

2019年10月，一条"小学生破解××刷脸取快递"的新闻广为流传（如图9-4所示），引发了人们对人脸识别技术安全性的广泛担忧。

图9-4　小学生手持照片骗过智能快递柜

对于很多第一次看到这条新闻的非网络安全工作者来说，第一反应可能是：该智能快递柜的人脸识别系统太弱了，连照片和真人都分辨不出来。但这种看法其实并没有抓住问题的本质。因为从前述的技术发展现状来看，即便有更高级的人脸识别系统，对于真正的攻击者来说，想要突破也不难。

事实上，从网络安全工作者的角度来看，人脸、指纹、声纹、虹膜等生物识别技术所识别的生物特征，本质上都是一些静态的、可复制的信息，和一串复杂的字符口令没有什么区别，只是"携带"起来非常方便而已。尽管有些公司声称其产品的识别系统可以识别出真假手指，可以区分出真人和照片，其实也不过只是增加了信息复制或模仿的难度而已，并没有从根本上改变生物特征可以被复制，且容易被复制的本质。

仅就上述智能快递柜事件而言，问题的关键在于：人脸识别的应用场景不对或应用技术不完整。人脸识别技术如果要用于远程身份认证，需要限定几个基本的要素或场景，在场景之外就可能存在安全风险。

第一，绑定设备进行刷脸。

例如，手机支付的刷脸功能，其实都是绑定手机的。我们用自己的手机刷脸可以，但用别人的手机刷脸就不行。而手机绑定本身，既是一种使用场景限定，也是一种辅助验证方法。

第二，环境相对安全，最好有人值守。

例如，在商场、机场等环境中，虽然没有人机绑定，但都是在人工监督的环境下进行刷脸的。特别是机场，实际上是在多道严格的安检程序之后，才允许刷脸登机的。人工值守实际上是一种很强的安保措施。

第三，配合其他安全认证技术。

其实，在远程身份认证的场景下，几乎所有的生物识别技术都不适合被单独使用。但如果配合其他安全技术共同使用，就可能做到既方便、又安全。

例如，刷脸支付时，如果用户装有支付 App 的手机一直在北京活动，刷脸行为却突然发生在上海，那么支付系统就应阻止验证过程通过。这就是一个比较简单的大数据安全验证模型。在实际系统中，支付机构所使用的辅助认证技术还有很多，只不过这些安全技术是在背后"默默付出"的，对消费者来说是"隐形的"，不易被感知罢了。

第四，即便被盗刷，损失也可控。

现在国内很多大城市的街头巷尾都会设有支持刷脸支付的自动售货机，且其周边的安保措施不足。但自动售货机贩卖的大多为饮料、零食或其他价格不高的日常生活用品，攻击者对其发动攻击的概率很小，即便发生攻击事件，用户的损失也不会太大；相反，攻击者为了这点"小利"，却要冒很大的风险。所以，商家在评估认为安全风险远低于便捷经营后，便会使用这种服务方式。

刷脸虽方便，但不是哪里都能用的。细说起来，人脸识别的应用场景还有很多复杂的约束条件。而上述的智能快递柜，其实也并非绝对不能使用"刷脸取件"方式，只是需要做好辅助验证措施，使其场景安全，风险可控。

4. 人脸识别易欺骗

实验表明，通过一些简单的面部装扮，如给脸上点几颗青春痘，带上特制形状的眼镜，在脸上画些符号（如国旗、吉祥物）等，就完全有可能使人脸识别系统把一个人认成另一个人，或使其完全捕捉不到人脸，从而使这些经过装扮的人在镜头前"隐身"。此外，人的衣服和动作，也有可能干扰人脸识别系统对目标属性的判断。

人会看错，机器也会看错。但相比之下，欺骗机器更容易。

5. 让人脸识别技术在正途上奔跑

上述所有的问题，都引向一个基本的结论：单纯的人脸识别技术似乎不太可靠，人脸数据正在成为攻击者的"新宠"。因此，我们提出以下几点建议。

第一，安全级别要求较高的网络系统，尽量不要使用人脸识别技术，特别是不要把人脸识别作为唯一的认证手段。

第二，刷脸业务大有前途，但系统的设计者应当充分考虑应用场景的科学性，同时将人脸识别技术与其他安全认证技术配合使用。只有这样，才有可能做到既方便、又安全。

第三，将人脸识别技术应用于公共安全领域时，应充分考虑非目标群体的隐私保护，同时，应充分认知该技术在现阶段的局限性，不能盲目依赖，要做到多线索追踪和多源取证。

第四，作为普通公民，应当认识到，自己分享的每一张照片，都存在被非法利用的可能，一旦遇到人脸信息被利用的情况，应及时向有关部门举报，维护自己的合法权益。

网络安全分析研究机构

网络安全分析研究机构对于安全产业而言能起到指引的作用。

对于网络安全行业供应商来说，分析研究机构每年发布的行业报告是难得的企业背书机会，而在行业报告中被提名意味着产品市场份额与产品实力得到第三方机构的权威认证，从而可巩固企业在行业中的领导地位，最终达到品牌营销的目的。同时，行业报告中同行友商的市场份额与排名信息也会成为企业的核心参考数据，可用于重新规划企业战略，以维持或提升下一年的排名。另外，企业也可根据分析研究机构提供的前沿市场发展趋势预测，有针对性地对产品进行内容革新与调整。

对于有网络安全需求的客户企业而言，行业报告汇总了行业领军者的企业名称与市场份额占比，可提供行业最新概况和解决方案，能起到购买指南和"明灯"的作用。不同产品的对比介绍与企业侧重点介绍可以帮助客户更有针对性地选择贴合其现有状况的产品类型与价格。同时，分析研究机构的行业预测也能帮助客户了解新兴的产品与理念，从而在网络安全时代的商业运营模式下稳固市场竞争力。

1. Gartner

Gartner 又名"高德纳公司"或"顾能公司"，是全球权威的信息技术分析研究机构之一。Gartner 于 1979 年在美国斯坦福成立，已拥有 4000 余名员工，向全球超过 100 个国家和地区的 1.56 万家企业提供信息技术服务，世界 500 强企业中有 73%的企业与 Gartner 建立了合作关系。其服务范围包括研究报告查阅、咨询、产品评测及网络社区化活动，旨在帮助行业各组织时刻洞察最新行业动向，时刻保持领先优势。

2. Forrester Research

Forrester Research 又名"弗雷斯特研究公司"，1983 年由 George F. Colony 建立，1996 年在美国上市，客户包括银行、保险、财富管理、零售等公司及政府机构，为各行业的首席信息官和首席营销官提供 54 个领域的分析研究和咨询服务。与其他分析研究机构相比，Forrester Research 更专注于技术层面的信息支持与更新，而对于市场份额与增长等指标关注较少，其分析师主要凭借对技术创新与发展趋势的了解进行预判，并提供企业发展方向。该机构是"零信任"概念的提出者和早期传播者。

3. Frost & Sullivan

Frost & Sullivan 又名"弗若斯特沙利文咨询公司"，1961 年成立于纽约，1998年扩展服务范围至中国市场，目前拥有 1800 多名分析师，在全球已设立 45 个办公地点，为全球 1000 强企业提供战略与管理咨询服务。其主要研究板块包含化工与材料、医疗与生命科学、能源与电力系统、信息和通信技术、航空航天等。其专注于行业融合，致力于帮助各领域的企业不断创新发展，保持标杆般的领先地位。

4. SANS

SANS 研究所建立于 1989 年，是世界上知名的信息安全培训机构和安全认证机构，目前已吸引全球约 16.5 万名安全专业人员分享和学习网络安全经验，对即将面临的挑战共同寻找解决方案。同时，SANS 研究所可提供超过 35 种信息安全及技术安全证书作为培训的权威认证。

5. 451

451 是一家领先的信息技术研究和 IT 咨询与认证机构，旗下部门 Uptime Institute 在全球 22 个国家和地区享有盛名，其数字基础设施分类标准平均每个国家每日下载量达 1 万次。目前 451 机构已被 S&P Global Market Intelligence 收购，成为其旗下的技术研究小组，主要解决数字化转型和信息技术中断等问题。

6. NIST

NIST（美国国家标准与技术研究院）成立于 1901 年，作为美国历史悠久的物理科学研究所之一，NIST 主要负责制定国家计量标准。在网络安全框架方面，美国有超过 20 个州的企业和技术设施部门使用 NIST 创立的框架，在行业中占据主导地位。

7. IDC

IDC（国际数据公司）成立于 1964 年，隶属美国国际数据集团，1982 年在中国设立分支机构，目前有 1100 余名分析师为超过 110 个国家和地区提供信息技术及电信技术市场的市场趋势分析与方向预测，协助相关企业进行技术决策，帮助其实现业务目标。IDC 专注于细分市场领域，而 IDC MarketScape 作为行业重要的供应商评估工具，可对不同类型的供应商进行两个维度上的评估与比较。

8. 赛迪研究院

赛迪研究院又称中国电子信息产业发展研究院，英文简称 CCID（China Center for Information Industry Development），于 1995 年成立，现有员工 2000 余人。"赛迪网"是中国老牌、具有影响力的网络服务平台。赛迪研究院自 2001 年至今在国内 IT 咨询服务市场中的占有率排在第一位，在亚太地区和欧美地区均提供专业咨询服务。

9. 中国信息通信研究院

中国信息通信研究院，简称信通院，于 1957 年成立，涉及"六大专业、四大领域、五大业务"，致力于在政策研究、技术创新和安全保障等方面起到关键作用。

网络安全国际会议

网络安全国际会议聚焦当前热点，关注网络安全发展的方向，同时为网络安全工作者提供了一个交流合作与学习的平台。

1. RSA Conference（RSAC）

RSAC 始于 1991 年，由 RSA 公司发起，是全球备受瞩目的网络安全大会，每年 2～4 月在美国旧金山举办。

说到 RSAC，就不能不提 RSA 公司；而说到 RSA 公司，就不能不提 RSA 密码。

1977 年，麻省理工学院的三位实习生 Ron Rivest、Adi Shamir 和 Leonard Adleman 共同提出了一种全新的密码算法：RSA 公钥加密算法。这一革命性的密码算法首次提出了非对称加密的全新密码思想，通过公私钥对的组合使用，使加密过程与解密过程分离。

RSA 密码算法简单易用，安全性极高，极具影响力和生命力，后被 ISO 推荐为公钥数据加密标准。而 RSA 这三个字母实际上就是由三位发明人的姓氏开头字母组成的。此后，三人又共同创建了 RSA 公司。

与国内的各类安全会议相比，RSAC 的特点是会议场次多、演讲嘉宾多、参展商多、形式丰富。据统计，在最近几年的 RSAC 期间，各类安全会议多达 500～600 场，演讲嘉宾超过 700 人，参展商和赞助商也超过 600 家。如此规模的会议是很少见的。特别地，RSAC 还会针对不同人群进行各种各样的培训。

从 1995 年开始，每年的 RSAC 都会选取一个独特的主题，而每年的主题往往又会引领当年全球的网络安全方向，因此备受关注。下面给出 2015—2020 年每年的 RSAC 主题。

2015年 Change: Challenge Today's Security Thinking（变化：挑战今天的安全思维）

2016年　Connect to Protect（连接到保护）

2017年　Power of Opportunity（机会的力量）

2018年　Now Matters（现在很重要）

2019年　Better（更好）

2020 年　Human Elements（人是安全的要素）

值得一提的是，每届 RSAC 的创新沙盒（Innovation Sandbox）环节都是万众瞩目的焦点，每年入选此环节的安全初创企业都代表了最近一年的安全技术创新方向，在随后或将成为资本追逐的热点。

2. 北京网络安全大会（BCS）

安全环境的巨变带动了安全产业的飞跃式发展，面对新的时代，面对革新与巨变，我们需要一个汇聚专业力量，聚焦应用实践，广泛开放协作的网络空间安全国际交流平台。

2019 北京网络安全大会于 8 月 21 日至 8 月 23 日在北京国家会议中心召开。

大会分为战略日、产业日和技术日，就网络安全的战略政策、产业发展、技术创新、资本创投和人才培养等话题进行交流研讨。大会内容涉及 5G、密码、灾备、大数据、物联网、云安全、漏洞挖掘、威胁情报、人工智能、身份认证、工业安全、移动办公、电子政务、安全服务、安全运营、等级保护、人才培养等多个方面，全面覆盖金融、交通、能源、教育、医疗等多个行业。

大会采用联合办会的新模式，CSA Summit、InForSec、观潮网络空间论坛、首届网络空间安全可信技术创新论坛、第十一期网络安全创新发展高端论坛、"蓝帽杯"全国大学生网络安全技能大赛决赛等网络安全品牌会议或比赛，均与 2019 北京网络安全大会同期、同地举办，形成会中会、会中赛的新模式。

大会共邀请到来自全球 30 多个国家和地区的 400 余位演讲嘉宾，10000 多位专家代表，与网络安全工作者汇聚一堂，共话网络安全。

反侵权盗版声明

电子工业出版社依法对本作品享有专有出版权。任何未经权利人书面许可，复制、销售或通过信息网络传播本作品的行为；歪曲、篡改、剽窃本作品的行为，均违反《中华人民共和国著作权法》，其行为人应承担相应的民事责任和行政责任，构成犯罪的，将被依法追究刑事责任。

为了维护市场秩序，保护权利人的合法权益，我社将依法查处和打击侵权盗版的单位和个人。欢迎社会各界人士积极举报侵权盗版行为，本社将奖励举报有功人员，并保证举报人的信息不被泄露。

举报电话：（010）88254396；（010）88258888

传　　真：（010）88254397

E-mail：　dbqq@phei.com.cn

通信地址：北京市万寿路 173 信箱

　　　　　电子工业出版社总编办公室

邮　　编：100036